BRÜCKEN ZUR MATHEMATIK BAND 4

Hilfen beim Übergang von der Schule zur Hochschule für Studierende technischer, naturwissenschaftlicher und wirtschaftswissenschaftlicher Fachrichtungen

Herausgegeben von Prof. Dr. Eberhard Hohloch, Prof. Dr. Harro Kümmerer und Prof. Dr. Günther Kurz

DIFFERENTIAL- UND INTEGRALRECHNUNG 1

von

Gerhard Glatz, Helmuth Grieb,
Eberhard Hohloch, Harro Kümmerer

Cornelsen
GIRARDET

Bestellnummer 824565
1. Auflage
Druck 6 5 4 / 92 91 90

Vertrieb: Cornelsen Verlagsgesellschaft, Bielefeld
Gesamtherstellung: Lengericher Handelsdruckerei, Lengerich/Westf.

ISBN 3-590-82456-5

INHALTSVERZEICHNIS

DIFFERENTIALRECHNUNG 1

1. Grenzwerte von Zahlenfolgen 5
1.1. Definition und Eigenschaften von Zahlenfolgen 5
1.2. Grenzwert einer Zahlenfolge, Konvergenz 6
1.3. Berechnung von Grenzwerten von Zahlenfolgen 8
1.4. Die Eulersche Zahl e 9
1.5. Aufgaben 10
2. Grenzwerte von Funktionen 11
2.1. Beispiele - Definitionen 11
2.2. Berechnung von Grenzwerten von Funktionen 16
2.3. Grenzwerte und asymptotisches Verhalten von Funktionen 18
2.4. Aufgaben 23
3. Stetigkeit 24
3.1. Definition der Stetigkeit 24
3.2. Sätze über stetige Funktionen 25
3.3. Arten von Unstetigkeitsstellen 26
3.4. Eigenschaften stetiger Funktionen 29
3.5. Aufgaben 31
4. Differenzierbarkeit 32
4.1. Die Ableitung einer Funktion 32
4.2. Beispiele und wichtige Grundformeln 34
4.3. Tangente und Differential 36
4.4. Höhere Ableitungen 38
4.5. Aufgaben 39
5. Ableitungsregeln 40
5.1. Allgemeine Regeln und Beispiele 40
5.2. Implizite Differentiation 42
5.3. Aufgaben 44
6. Elementare Funktionen und ihre Ableitungen 46
6.1. Rationale Funktionen 46
6.2. Potenzfunktionen, Wurzelfunktionen 47
6.3. Trigonometrische Funktionen und Arcus-Funktionen 48
6.4. Exponential- und Logarithmus-Funktion 52
6.5. Hyperbel- und Area-Funktionen 53
7. Geometrische Bedeutung von f'(x) und f"(x) 57
7.1. Bedeutung des Vorzeichens von f' und f" 57
7.2. Lokale Extrema - Hochpunkte und Tiefpunkte 58
7.3. Wendepunkte 61
7.4. Ausgezeichnete Kurvenpunkte - Zusammenfassung 62
8. Anwendungen der Differentialrechnung 64
8.1. Extremwertaufgaben 64
8.2. Das Newtonsche Iterationsverfahren 66
8.3. Unbestimmte Ausdrücke - Regel von Bernoulli-deL'Hospital 69
8.4. Aufgaben 71
9. Kurvendiskussion 72
9.1. Problemstellung 72
9.2. Auswirkung kleiner Änderungen der Kurvengleichung 73
9.3. Kurvendiskussion ganzrationaler Funktionen 74
9.4. Kurvendiskussion gebrochenrationaler Funktionen 76
9.5. Kurvendiskussion transzendenter Funktionen 79
9.6. Untersuchung implizit gegebener Kurven 83
9.7. Aufgaben 85
10. Anhang: Das Horner-Schema 87
LÖSUNGEN 89
REGISTER 94

VORWORT

Der vorliegende Band 4: "Differential- und Integralrechnung 1" folgt dem Konzept der Reihe "Brücken zur Mathematik": Das Buch wendet sich an Studienanfänger in technischen, naturwissenschaftlichen und wirtschaftswissenschaftlichen Fächern; es ist ein Lehr- und Arbeitsbuch, das auf strenge mathematische Beweise und Vollständigkeit verzichtet zugunsten einer möglichst anschaulichen Darstellung der wesentlichen Zusammenhänge. Unser Ziel war es, dem Leser ein leicht lesbares Skript in die Hand zu geben, das zum Selbststudium und zum Weiterstudium auch anspruchsvollerer mathematischer Literatur anregt und beim Nacharbeiten von Vorlesungen förderlich ist. Viele vollständig durchgerechnete Beispiele dienen zur Motivation und zur Erläuterung mathematischer Sachverhalte. Aufgaben zu den einzelnen Abschnitten, deren Ergebnisse im Anhang zusammengestellt sind, geben hinreichend Gelegenheit zum selbständigen Arbeiten und zum Einüben der notwendigen Rechenfertigkeit; das Buch eignet sich damit nicht zuletzt auch zur Prüfungsvorbereitung.

In 10 Abschnitten werden Grundlagen und wichtige Anwendungen der Differentialrechnung behandelt. Vorausgesetzt werden Kenntnisse über elementare Funktionen, wie sie etwa in Band 1: "Grundlagen - Vorkurs für Studienanfänger" enthalten sind; auf diesen Band 1 wird im Text gelegentlich verwiesen.

Gerhard Glatz
Helmuth Grieb
Eberhard Hohloch
Harro Kümmerer

DIFFERENTIALRECHNUNG 1

1. GRENZWERTE VON ZAHLENFOLGEN

1.1. Definition und Eigenschaften von Zahlenfolgen

Definition 1.1: Zahlenfolge

Eine (unendliche) Zahlenfolge $\{a_n\}$ ist eine Zuordnungsvorschrift, die jeder natürlichen Zahl n genau eine reelle Zahl a_n zuordnet:

$$\begin{array}{ccccccc} 1 & 2 & 3 & \ldots & n & \ldots & \in \mathbb{N} \\ \downarrow & \downarrow & \downarrow & & \downarrow & & \\ a_1 & a_2 & a_3 & \ldots & a_n & \ldots & \in \mathbb{R} \end{array}$$

a_n heißt allgemeines Glied der Zahlenfolge $\{a_n\}$.

Definition 1.2: Eigenschaften von Zahlenfolgen

Eine Zahlenfolge $\{a_n\}$ heißt

a) beschränkt, wenn es eine positive reelle Zahl K gibt mit $|a_n| \leq K$

b) monoton wachsend, falls gilt $a_n \leq a_{n+1}$
monoton fallend, falls gilt $a_n \geq a_{n+1}$
(gilt nur < oder >, so heißt sie streng oder eigentlich monoton)

c) alternierend, falls gilt $a_n \cdot a_{n+1} < 0$

(die Eigenschaften müssen jeweils für alle $n \in \mathbb{N}$ erfüllt sein !)

Beispiel 1.1:

a) $a_n = n$: $1, 2, 3, \ldots$ mon. wachsend, nicht beschränkt

b) $a_n = \frac{1}{n}$: $1, \frac{1}{2}, \frac{1}{3}, \ldots$ mon. fallend, beschränkt

c) $a_n = \frac{1}{2}(1 + (-1)^n)$: $0, 1, 0, 1, \ldots$ beschränkt

d) $a_n = (-1)^n \cdot 1/n^2$: $-1, \frac{1}{4}, -\frac{1}{9}, \frac{1}{16}, \ldots$ beschränkt, alternierend

e) $a_n = \frac{10^n}{n!}$: $10, 50, \frac{1000}{6}, \frac{10000}{24} \ldots$ beschränkt !

Bis $a_9 = \frac{10^9}{9!} = \frac{10^{10}}{10!} = a_{10}$ monoton wachsend, dann monoton fallend.

Beispiel 1.2: Wichtige Zahlenfolgen

a) $a_1 = c, \quad a_{n+1} = a_n + d$ arithmetische Folge (Differenz d)

b) $a_1 = c, \quad a_{n+1} = a_n \cdot q$ geometrische Folge (Quotient q)

Beispiel 1.3:

a) $a_1 = 1, \quad a_{n+1} = a_n^2 + 1$: $1, 2, 5, 26, \ldots$

b) $a_1 = 1, \quad a_2 = -2, \quad a_{n+2} = a_n \cdot a_{n+1}$: $1, -2, -2, 4, -8, -32, \ldots$

In Bsp. 1.1 sind die Folgenglieder explizit in Form einer Gleichung $a_n = f(n)$ gegeben; in Bsp. 1.2 und 1.3 legt eine rekursive Vorschrift fest, wie die Folgenglieder aus ihren Vorgängern gebildet werden.

Zentrales Problem: Wie verhalten sich die a_n für großes n?

1.2. Grenzwert einer Zahlenfolge, Konvergenz

Beispiel 1.4:

$a_n = \frac{n+1}{n}$: $2, \frac{3}{2}, \frac{4}{3}, \frac{5}{4}, \ldots$

Die Glieder der Zahlenfolge kommen offenbar der Zahl 1 beliebig nahe: $|a_n - 1| = \frac{1}{n}$ kann beliebig klein gemacht werden, wenn nur n hinreichend groß gewählt wird. Man sagt, die Folge $\{a_n\}$ hat den Grenzwert $A = 1$ oder die Folge $\{a_n\}$ konvergiert gegen den Grenzwert $A = 1$.

Definition 1.3: Konvergenz einer Zahlenfolge gegen einen Grenzwert

a) $\{a_n\}$ ist eine Nullfolge, wenn es für jedes beliebige $\varepsilon > 0$ eine Zahl $N = N(\varepsilon)$ gibt mit $|a_n| < \varepsilon$ für alle $n > N$.

Anschaulich: ..., wenn in jeder beliebig klein gewählten Umgebung von 0 fast alle Glieder der Folge liegen (d.h. außerhalb liegen nur endlich viele).

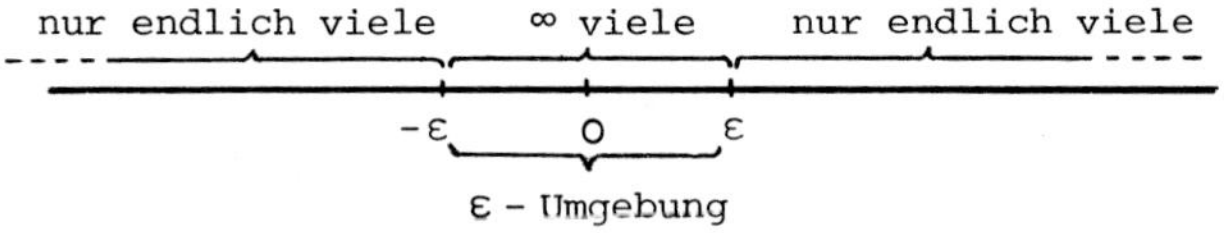

b) $\{a_n\}$ hat den Grenzwert A (konvergiert gegen den Grenzwert A), wenn die Folge $\{a_n - A\}$ eine Nullfolge ist.

Schreibweise:

$a_n \to A$ für $n \to \infty$ oder $\lim\limits_{n\to\infty} a_n = A$

("a_n gegen A für n gegen ∞") ("limes von a_n für n gegen ∞")

Bemerkungen:

1. Der ε,N - Nachweis der Konvergenz ist für praktische Zwecke oft zu subtil. Für die Folge in Bsp.1.4 argumentiert man etwa: $\frac{1}{n}$ wird für große n sehr klein, also $a_n = \frac{n+1}{n} = 1 + \frac{1}{n} \to 1$ für $n \to \infty$.
2. Die Konvergenzdefinition enthält bereits den Grenzwert A. Damit ist das Problem aber an sich erledigt; es wird nur nachträglich die Konvergenz bestätigt. Für Konvergenzuntersuchungen ohne Kenntnis von A gibt es Konvergenzkriterien (s. Literatur).

Beispiel 1.5:

a) $\{\frac{1}{n}\}$: $1, \frac{1}{2}, \frac{1}{3}, \ldots \to 0$; konvergiert mon. fallend gegen 0

b) $\{\frac{(-1)^n}{n^2}\}$: $-1, \frac{1}{4}, -\frac{1}{9}, \frac{1}{16}, \ldots \to 0$; konvergiert alternierend gegen 0

c) $\{2n\}$: $2, 4, 6, 8, \ldots \to \infty$ — kein endlicher Grenzwert, wächst über alle Grenzen "bestimmt divergent"

d) $\{(-1)^n\}$: $-1, 1, -1, 1, \ldots$

e) $\{(-1)^{n+1} n^2\}$: $1, -4, 9, -16, \ldots$

"unbestimmt divergent" (d, e)

Folgen, die nicht konvergent sind, die also keinen endlichen Grenzwert besitzen, heißen divergent. Die Folgen c, d, e in Bsp.1.5 zeigen, daß es verschiedene Arten der Divergenz gibt: Folge c zeigt, im Unterschied zu d und e, ein bestimmtes Verhalten, eine eindeutige Tendenz gegen $+\infty$.

Definition 1.4: Divergente Folgen, uneigentlicher Grenzwert

a) $\{a_n\}$ heißt bestimmt divergent mit dem uneigentlichen Grenzwert $+\infty$, wenn zu jeder (noch so großen) Schranke K eine Zahl N(K) existiert mit $a_n > K$ für alle $n > N$.

Schreibweise: $a_n \to +\infty$ für $n \to \infty$ oder $\lim\limits_{n\to\infty} a_n = +\infty$

Entsprechend definiert man $\lim\limits_{n\to\infty} a_n = -\infty$.

b) Eine Folge, die weder konvergent noch bestimmt divergent ist, heißt unbestimmt divergent.

1.3. Berechnung von Grenzwerten von Zahlenfolgen

Mit der ε,N - Definition der Konvergenz von Folgen lassen sich folgende allgemeine Grenzwertaussagen beweisen, die für die praktische Berechnung von Grenzwerten nützlich sind.

Satz 1.1: Grenzwertsätze

a) $\left.\begin{array}{l} a_n \to A \\ b_n \to B \end{array}\right\} \Rightarrow \left\{\begin{array}{lll} 1. & (a_n + b_n) \to A + B & \\ 2. & \lambda a_n \to \lambda A & (\lambda \in \mathbb{R}) \\ 3. & a_n \cdot b_n \to A \cdot B & \\ 4. & a_n / b_n \to A/B & (b_n \neq 0,\ B \neq 0) \end{array}\right.$

b) $a_n \to 0,\ a_n > 0\ (a_n < 0) \Rightarrow \frac{1}{a_n} \to +\infty\ (\frac{1}{a_n} \to -\infty)$

c) $\left.\begin{array}{l} a_n \to G,\ c_n \to G \\ a_n \le b_n \le c_n \end{array}\right\} \Rightarrow b_n \to G$

Beispiel 1.6: Gebrochenrationale Folgenglieder

a) $\lim\limits_{n\to\infty} \frac{n+1}{n} = \lim\limits_{n\to\infty} (1+\frac{1}{n}) = \lim\limits_{n\to\infty} 1 + \lim\limits_{n\to\infty} \frac{1}{n} = 1$

b) $\lim\limits_{n\to\infty} \frac{2n^2-n+1}{n^2+1} = \lim\limits_{n\to\infty} \frac{2-(1/n)+(1/n^2)}{1+(1/n^2)} = 2 \qquad (\text{da: } \frac{1}{n} \to 0,\ \frac{1}{n^2} \to 0)$

c) $\lim\limits_{n\to\infty} \frac{n+2}{n^2-1} = \lim\limits_{n\to\infty} \frac{1+2/n}{n-1/n} = 0$

d) $\lim\limits_{n\to\infty} \frac{1-n^2}{n+3} = \lim\limits_{n\to\infty} \frac{-n+1/n}{1+3/n} = -\infty$

Bei gebrochenrationalen Ausdrücken führt offenbar folgende Methode zum Ziel:

Zähler und Nenner werden durch die höchste gemeinsame Potenz von n dividiert. Man erhält so die allgemeinen Aussagen:

a) Zählergrad < Nennergrad $\Rightarrow a_n \to 0$
b) Zählergrad = Nennergrad $\Rightarrow a_n \to A \neq 0$
c) Zählergrad > Nennergrad $\Rightarrow a_n \to +\infty$ oder $-\infty$

Beispiel 1.7: Wurzelausdrücke

a) $\lim\limits_{n\to\infty} \frac{\sqrt{n^2+1}}{2n} = \lim\limits_{n\to\infty} \frac{n\sqrt{1+(1/n^2)}}{2n} = \lim\limits_{n\to\infty} \frac{n}{2n} = \frac{1}{2}$

b) $\lim\limits_{n\to\infty} \frac{\sqrt{n^3+n^2}}{n^2-3n} = \lim\limits_{n\to\infty} \frac{n^{3/2}\sqrt{1+(1/n)}}{n^2(1-(3/n))} = \lim\limits_{n\to\infty} \frac{n^{3/2}}{n^2} = \lim\limits_{n\to\infty}(n^{-1/2}) = 0$

Im Radikanden einer Wurzel bestimmt der Summand mit der höchsten Potenz das Verhalten für große n. In Bsp.1.7b argumentiert man etwa: $\sqrt{n^3+n^2} \approx \sqrt{n^3} = n^{3/2}$ für große n.

1.4. Die Eulersche Zahl e

Beispiel 1.8: Stetige Verzinsung, Eulersche Zahl

Ein Grundkapital 1 sei auf 1 Jahr angelegt mit Zinssatz p%. Abrechnung in gleichmäßigen Abständen und Zinseszinsberechnung (der Zins wird jeweils zum Kapital hinzugenommen und mitverzinst) ergibt als Endkapital:

- bei jährlicher Verzinsung: $K_1 = (1 + \frac{p}{100})$
- bei halbjähriger Verzinsung:
  nach dem 1. Halbjahr, Zins $\frac{p}{2}$: $K = 1 + \frac{p}{2\cdot 100}$
  nach dem 2. Halbjahr, Zins $\frac{p}{2}$: $K_2 = K(1 + \frac{p}{2\cdot 100}) = (1 + \frac{p}{2\cdot 100})^2$
- bei Verzinsung nach dem k. Teil des Jahres (k Termine mit Zinssatz $\frac{p}{k}$):

$$K_k = (1 + \frac{p}{k\cdot 100})^k = \left[(1 + \frac{1}{n})\right]^{n\cdot\frac{p}{100}} = \left[(1 + \frac{1}{n})^n\right]^{\frac{p}{100}} \quad \text{mit} \quad n = \frac{k\cdot 100}{p}$$

Wählt man die Zahl k der Zinstermine, und damit auch n, immer größer, so ergibt sich bei stetiger Verzinsung als Endkapital nach einem Jahr:

$$K_E = \lim_{n\to\infty} \left[(1 + \frac{1}{n})^n\right]^{\frac{p}{100}} = \left[\lim_{n\to\infty} (1 + \frac{1}{n})^n\right]^{\frac{p}{100}} = e^{\frac{p}{100}}$$

Der in Bsp.1.8 auftretende Grenzwert heißt Eulersche Zahl e:

$$e = \lim_{n\to\infty} (1 + \frac{1}{n})^n = 2{,}7182818275 \ *$$

Die Eulersche Zahl spielt eine wichtige Rolle in der Mathematik als Basis des natürlichen Logarithmus ln x und der Exponentialfunktion e^x, die viele Wachstums- und Abklingvorgänge beschreibt.

* Nachweis der Konvergenz und Berechnung von e überschreiten den Rahmen dieses Buches.

1.5. Aufgaben

1. Gegeben sind die Anfangsglieder einer Folge a_n : 1, 3, 7, 15, 31, 63, ...
   a) Bestimmen Sie die zugehörige Rekursionsformel $a_{n+1} = f(a_n)$.
   b) Wie lautet das explizite Bildungsgesetz?

2. Bestimmen Sie die ersten sechs Glieder der rekursiv definierten Folgen:
   a) $a_1 = 1,\ a_2 = 2,\ a_{n+2} = a_n + a_{n+1}$; b) $a_1 = 2,\ a_{n+1} = \frac{1}{2}(a_n + \frac{2}{a_n})$.

3. Geben Sie das Bildungsgesetz und die ersten fünf Glieder der arithmetischen Folge mit $a_6 = 20$ und $a_{14} = 36$ an.

4. Gegeben sind die Folgen mit den allgemeinen Gliedern
   $$a_n = \frac{3n-2}{n+2}, \quad b_n = \frac{n+2}{2n-1}, \quad c_n = \frac{n+1}{2n^2+1}, \quad d_n = \frac{2n^2+1}{2n+1} .$$
   Untersuchen Sie die nachstehenden Folgen auf Konvergenz und geben Sie gegebenenfalls den Grenzwert an:
   a) a_n+b_n b) a_n-b_n c) b_n-c_n d) b_n+d_n e) a_nc_n
   f) c_nd_n g) a_n/b_n h) c_n/b_n i) c_n/d_n k) b_n/c_n

5. Berechnen Sie die Grenzwerte
   a) $\lim\limits_{n\to\infty} \frac{2+n-n\sqrt{n}}{\sqrt{n}+2n\sqrt{n}}$; b) $\lim\limits_{n\to\infty} \frac{n+2}{\sqrt[3]{n^4} - \sqrt[3]{n^2}}$.

6. Berechnen Sie die Grenzwerte
   a) $\lim\limits_{n\to\infty} (\sqrt{n+1} - \sqrt{n})$; b) $\lim\limits_{n\to\infty} (\sqrt{n^2-1} - \sqrt{n^2+n})$

   Hinweis: Bei Wurzelausdrücken der Form $\sqrt{a_n} - \sqrt{b_n}$ mit $a_n \to \infty$, $b_n \to \infty$ empfiehlt sich ein Erweitern mit $\sqrt{a_n} + \sqrt{b_n}$, damit sich im Zähler der wurzelfreie Term $a_n - b_n$ ergibt.

7. Berechnen Sie mit Hilfe des Grenzwerts für die Zahl e:
   a) $\lim\limits_{n\to\infty} (1 + \frac{1}{3n})^{2n}$; b) $\lim\limits_{n\to\infty} (1 + \frac{1}{n})^{n-2}$; c) $\lim\limits_{n\to\infty} (\frac{n+1}{n-1})^n$.

8. Untersuchen Sie das Konvergenzverhalten der geometrischen Folge mit den Gliedern $a_n = q^n$ $(n = 0, 1, 2, \ldots ;\ q \in \mathbb{R})$
   Hinweis: Setzen Sie im Fall $q > 1$: $q = 1 + d$ und verwenden Sie eine geeignete Abschätzung.

9. Beweisen Sie: $\lim\limits_{n\to\infty} \frac{x^n}{n!} = 0$ für alle $x \in \mathbb{R}$ (vgl. Bsp.1.1.e)

2. GRENZWERTE VON FUNKTIONEN

2.1. Beispiele - Definitionen

Zur Untersuchung des Verhaltens einer Funktion bei Annäherung an die Stelle x_o werden Folgen von Funktionswerten $\{f(x_n)\}$ betrachtet, die sich ergeben, wenn die Argumentwerte x_n gegen x_o streben.

Beispiel 2.1: $f(x) = x^2$

Zu jeder beliebigen Folge $\{x_n\}$ mit $x_n \to x_o$ konvergiert die Folge der Funktionswerte $\{f(x_n)\} = \{x_n^2\}$ offenbar gegen den Funktionswert $f(x_o) = x_o^2$ (→ 3. Stetige Fktn.).

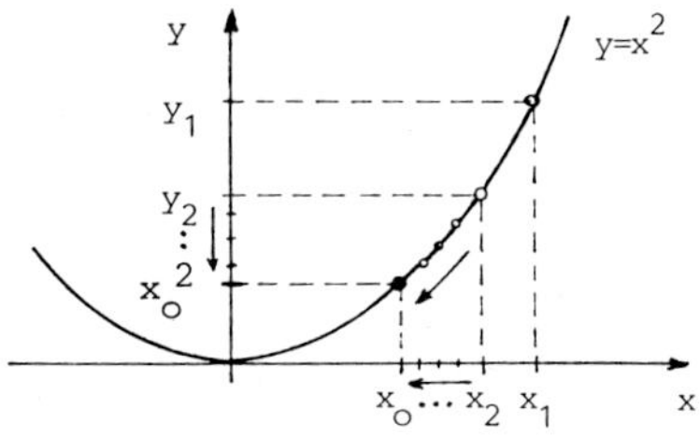

Interessanter als in Bsp.2.1 ist die Frage nach einem möglichen Grenzwert an solchen Stellen, an denen f(x) nicht definiert ist, also an Definitionslücken oder an Randstellen des Definitionsbereichs.

Beispiel 2.2: $f(x) = \frac{\sin x}{x}$; $x_o = 0$

f(x) ist an der Stelle $x_o = 0$ nicht definiert. Setzt man versuchsweise Zahlenwerte x_n mit $x_n \to 0$, $x_n > 0$ ein, so erhält man aus der Folge der Funktionswerte einen Hinweis auf das Verhalten von $f(x) = \frac{\sin x}{x}$ bei Annäherung an die Stelle $x_o = 0$ von rechts.

z.B.

x	1	$\frac{1}{2}$	$\frac{1}{4}$	$\frac{1}{8}$	$\frac{1}{16}$	...	$\to 0$
$\frac{\sin x}{x}$	0,8415	0,9589	0,9896	0,9974	0,9993	...	$\to 1$?

Da f(x) eine gerade Funktion ist ($f(-x) = f(x)$), verhalten sich die Funktionswerte bei Annäherung von links genauso wie bei Annäherung von rechts: Das Konvergenzverhalten ist unabhängig von der Richtung der Annäherung an die Stelle $x_o = 0$; wichtig ist nur, daß $\{x_n\}$ eine Nullfolge ist !

Wählt man die x-Werte genügend nahe bei $x_o = 0$, so unterscheiden sich die Funktionswerte anscheinend immer weniger vom Wert $G = 1$. Man sagt:

"$f(x) = \frac{\sin x}{x}$ besitzt an der Stelle $x_o = 0$ den Grenzwert $G = 1$."

Bemerkung: Natürlich handelt es sich bei dieser Grenzwertaussage bisher nur um eine Vermutung; die Bestätigung folgt in Bsp.2.6.

Definition 2.1: Grenzwert einer Funktion

a) Die Funktion $f(x)$ hat an der Stelle x_o den Grenzwert G, wenn für jede gegen x_o konvergierende Zahlenfolge $\{x_n\}$ aus dem Definitionsbereich D_f die Folge der zugehörigen Funktionswerte $\{f(x_n)\}$ den Grenzwert G besitzt. Man schreibt:

$$\lim_{x \to x_o} f(x) = G \quad \text{oder} \quad f(x) \to G \quad \text{für} \quad x \to x_o$$

b) Exakte Definition:

$f(x)$ hat an der Stelle x_o den Grenzwert G, wenn zu jedem beliebigen $\varepsilon > 0$ ein $\delta(\varepsilon)$ existiert mit $|f(x) - G| < \varepsilon$ für $|x - x_o| < \delta$;

d.h. $|f(x) - G|$ wird beliebig klein, wenn nur x genügend nahe bei x_o liegt.

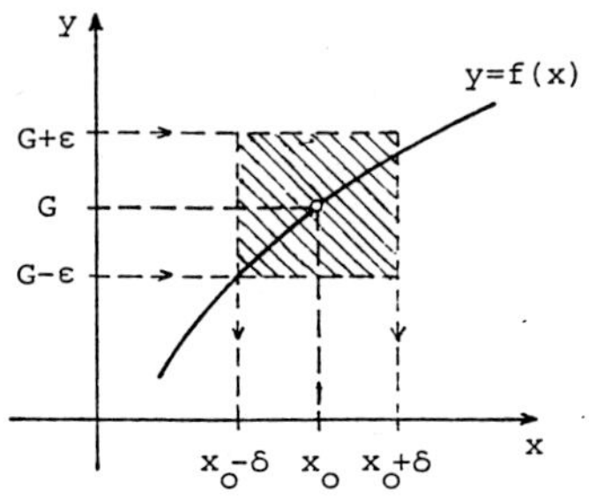

Beispiel 2.3: $f(x) = \sin\frac{\pi}{x}$; $x_o = 0$

Das Verhalten an der Definitionslücke $x_o = 0$ kann auf zwei verschiedene Arten untersucht werden (betrachtet werden Annäherungen von rechts):

a) Die Nullstellen von $f(x)$: $x = 1, \frac{1}{2}, \frac{1}{3}, \ldots$ häufen sich bei Annäherung an die Stelle 0. Zwischen zwei aufeinanderfolgenden Nullstellen liegt jeweils ein Maximum mit $f_{max} = 1$ oder ein Minimum mit $f_{min} = -1$. In jeder beliebig kleinen Umgebung von $x_o = 0$ nimmt $f(x)$ alle Werte zwischen -1 und +1 unendlich oft an.

$\Rightarrow$ $f(x) = \sin\frac{\pi}{x}$ besitzt bei $x_o = 0$ keinen Grenzwert.

b) Betrachtet werden verschiedene Nullfolgen $\{x_n\}$ und die zugehörigen Folgen von Funktionswerten:

$\{x_n\}_1 = 1, \frac{1}{2}, \frac{1}{3}, \ldots \to 0 \Rightarrow \{f(x_n)\}_1 = 0, 0, 0, \ldots \qquad G_1 = 0$

$\{x_n\}_2 = 2, \frac{2}{5}, \frac{2}{9}, \ldots \to 0 \Rightarrow \{f(x_n)\}_2 = 1, 1, 1, \ldots \qquad G_2 = 1$

$\{x_n\}_3 = \frac{2}{3}, \frac{2}{7}, \frac{2}{11}, \ldots \to 0 \Rightarrow \{f(x_n)\}_3 = -1, -1, -1, \ldots \qquad G_3 = -1$

$\{x_n\}_4 = 2, \frac{2}{3}, \frac{2}{5}, \ldots \to 0 \Rightarrow \{f(x_n)\}_4 = 1, -1, 1, -1, \ldots \qquad$ divergent

Je nach Wahl der Nullfolgen $\{x_n\}$ erhält man Folgen von Funktionswerten mit unterschiedlichem Konvergenzverhalten. Aus Def. 2.1.a folgt:

$\Rightarrow$ $f(x) = \sin\frac{\pi}{x}$ besitzt bei $x_o = 0$ keinen Grenzwert.

Beispiel 2.4: $f(x) = x \cdot \sin\frac{\pi}{x}$; $x_o = 0$

Wegen $|\sin\frac{\pi}{x}| \leq 1$ ist $|x \cdot \sin\frac{\pi}{x}| \leq |x|$: die Funktionswerte liegen zwischen den Winkelhalbierenden $y = x$ und $y = -x$.

$$\Rightarrow \quad \lim_{x \to 0} (x \sin\frac{\pi}{x}) = 0$$

Beispiel 2.5:

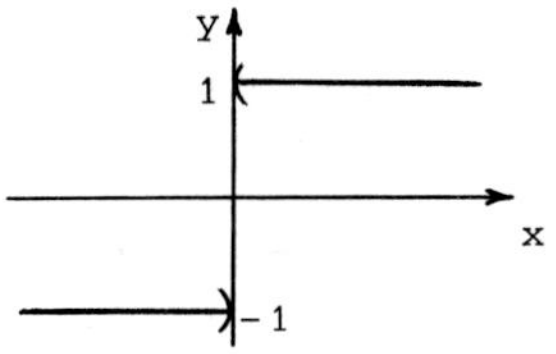

$$f(x) = \operatorname{sign} x = \frac{x}{|x|} = \begin{cases} 1 & \text{für } x > 0 \\ -1 & \text{für } x < 0 \end{cases}$$

"Vorzeichen- oder Signum-Funktion"

$f(x) = \operatorname{sign} x$ ist an der Stelle $x_o = 0$ nicht definiert und hat dort offensichtlich auch keinen Grenzwert. Es existieren aber die "einseitigen Grenzwerte" bei Annäherung von links bzw. von rechts an die Stelle x_o:

linksseitiger Grenzwert $G_L = -1$

rechtsseitiger Grenzwert $G_R = +1$

$G_L \neq G_R$

Man sagt: sign x hat an der Stelle $x_o = 0$ eine Sprungstelle der Höhe 2

Definition 2.2: Linksseitiger und rechtsseitiger Grenzwert

Die Funktion $f(x)$ hat an der Stelle x_o den linksseitigen Grenzwert G_L (rechtsseitigen Grenzwert G_R), wenn bei beliebiger Annäherung an die Stelle x_o von links her (von rechts her) die Folge der Funktionswerte konvergiert:

$$\lim_{x \to x_o -} f(x) = \lim_{x \to x_o - 0} f(x) = G_L \quad \left(\lim_{x \to x_o +} f(x) = \lim_{x \to x_o + 0} f(x) = G_R \right)$$

Dabei bedeutet "$x \to x_o -$" bzw. "$x \to x_o - 0$" ausführlicher "$x \to x_o$ und $x < x_o$" eine Annäherung von links oder eine linksseitige Annäherung an die Stelle x_o. Entsprechend bedeutet "$x \to x_o +$" bzw. "$x \to x_o + 0$" eine Annäherung von rechts oder eine rechtsseitige Annäherung.

Aus den Definitionen 2.1 und 2.2 folgt unmittelbar der Satz:

Satz 2.1:

$f(x)$ hat an der Stelle x_o den Grenzwert G genau dann, wenn linksseitiger Grenzwert G_L und rechtsseitiger Grenzwert G_R existieren und gleich sind: $G = G_L = G_R$.

Bemerkung: Def. 2.1, 2.2 und Satz 2.1 beziehen sich auf eigentliche Grenzwerte; G, G_L und G_R sind endliche reelle Zahlen.

Beispiel 2.6: $f(x) = \frac{\sin x}{x}$; $x_o = 0$ (vgl. Bsp. 2.2)

Definitionslücke bei $x_o = 0$. f(x) ist wegen $f(-x) = f(x)$ eine gerade Funktion; es genügt also die Untersuchung für $x \to 0+$.

Flächenbetrachtung am Einheitskreis (x = Winkel im Bogenmaß):

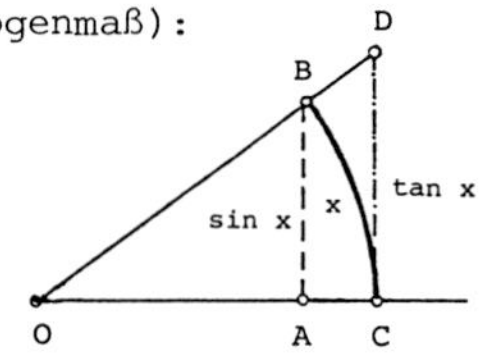

Bogen BC = x

$\overline{AB} = \sin x$, $\overline{OC} = 1$

$\overline{OA} = \cos x$, $\overline{CD} = \tan x$

$A_{\Delta OAB} < A_{Sektor} < A_{\Delta OCD}$ (s. Skizze)

$\frac{1}{2}\sin x \cos x < \frac{1}{2}x < \frac{1}{2}\tan x \quad \Big| : \frac{1}{2}\sin x$

$\Leftrightarrow \quad \cos x < \frac{x}{\sin x} < \frac{1}{\cos x}$

$\Leftrightarrow \quad \frac{1}{\cos x} > \frac{\sin x}{x} > \cos x$

Bildet man die Grenzwerte für $x \to 0+$, so folgt

$$\lim_{x \to 0+} \cos x \leq \lim_{x \to 0+} \frac{\sin x}{x} \leq \lim_{x \to 0+} \frac{1}{\cos x}$$

$$\Leftrightarrow \quad 1 \leq \lim_{x \to 0+} \frac{\sin x}{x} \leq 1 \quad \Rightarrow \quad \underline{\lim_{x \to 0} \frac{\sin x}{x} = 1}$$

Beispiel 2.7: $f(x) = \frac{x+1}{x}$ - Verhalten in der Nähe der Definitionslücke $x_o = 0$

$x \to 0+$:	x	1	0,1	0,01 ... $\to 0+$	Nullfolge mit pos. Gliedern
	f(x)	2	11	101 ... $\to +\infty$	bestimmt div. gegen $+\infty$

$x \to 0-$:	x	-1	-0,1	-0,01 ... $\to 0-$	Nullfolge mit neg. Gliedern
	f(x)	0	-9	-99 ... $\to -\infty$	bestimmt div. gegen $-\infty$

Für jede Nullfolge $\{x_n\}$ mit positiven (negativen) Gliedern ist die Folge der Funktionswerte bestimmt divergent mit dem uneigentlichen rechtsseitigen (linksseitigen) Grenzwert $+\infty$ ($-\infty$). (→ Def. 1.4)

In Bsp.2.7 ergeben sich bei einseitiger Annäherung an die Stelle 0 bestimmt divergente Folgen von Funktionswerten mit den uneigentlichen Grenzwerten $+\infty$ oder $-\infty$. Man führt folgende Bezeichnungen ein:

Definition 2.3: Uneigentlicher Grenzwert einer Funktion

> f(x) hat an der Stelle x_o den linksseitigen (rechtsseitigen) uneigentlichen Grenzwert $+\infty$ bzw. $-\infty$, wenn für jede von links (von rechts) gegen x_o konvergierende Folge $\{x_n\}$ die Folge der Funktionswerte $\{f(x_n)\}$ den uneigentlichen Grenzwert $+\infty$ bzw. $-\infty$ besitzt.

Schreibweise: $\lim_{x \to x_0-} f(x) = +\infty$ oder $f(x) \to +\infty$ für $x \to x_0-$

(für rechtsseitige uneigentliche Grenzwerte entsprechend)

Fortsetzung Bsp. 2.7:

Mit den Bezeichnungen aus Def. 2.3 kann man das Verhalten von $f(x) = \frac{x+1}{x}$ in der Nähe der Definitionslücke $x_0 = 0$ wie folgt beschreiben:

$\lim_{x \to 0+} \frac{x+1}{x} = +\infty$	uneigentlicher rechtsseitiger Grenzwert $+\infty$	der Funktion $f(x) = \frac{x+1}{x}$ an der Stelle $x_0 = 0$
$\lim_{x \to 0-} \frac{x+1}{x} = -\infty$	uneigentlicher linksseitiger Grenzwert $-\infty$	

Geometrische Bedeutung: Bei Annäherung an die Stelle $x_0 = 0$ wachsen die Beträge der Funktionswerte über alle Grenzen. Beim Überschreiten der Stelle x_0 ändert die Funktion das Vorzeichen. Derartige Unendlichkeitsstellen heißen Polstelle oder Pol mit Vorzeichenwechsel. Das zugehörige Schaubild hat an dieser Stelle eine senkrechte Asymptote (→ 2.3.1).

Beispiel 2.8: $f(x) = \frac{x+1}{x}$ - Verhalten für $x \to \pm\infty$

Betrachtet werden bestimmt divergente Folgen $\{x_n\}$ mit $x_n \to +\infty$. Die Folgen $\{f(x_n)\}$ beschreiben dann das Verhalten von $f(x)$ für $x \to +\infty$.

z.B.

x	1	2	3	...	n	→	$+\infty$
f(x)	2	$\frac{3}{2}$	$\frac{4}{3}$	...	$\frac{n+1}{n}$	→	1

$f(x) = \frac{x+1}{x}$ verhält sich für $x \to \infty$ wie die Folge $\{\frac{n+1}{n}\}$ für $n \to \infty$. Für jede beliebige x-Folge mit $x_n \to \infty$ (d.h. die x-Werte sind nicht auf natürliche Zahlen beschränkt) erhält man eine Folge von Funktionswerten mit demselben Grenzwert 1. Entsprechendes gilt für $x \to -\infty$.

Grenzwerte von Funktionen für $x \to \infty$ können demnach behandelt werden analog zu Grenzwerten von Folgen $\{a_n\} = \{f(n)\}$ für $n \to \infty$ mit dem einzigen Unterschied, daß die x-Werte nicht mehr auf natürliche Zahlen beschränkt sind. Genauer gilt folgende Definition:

Definition 2.4: Grenzwert von f(x) für $x \to \pm\infty$

$f(x)$ hat für $x \to \infty$ den Grenzwert G, wenn zu jeder Zahl $\varepsilon > 0$ eine Zahl $M(\varepsilon)$ existiert, so daß $|f(x) - G| < \varepsilon$ für alle $x > M$.

Schreibweise: $\lim_{x \to \infty} f(x) = G$ oder $f(x) \to G$ für $x \to \infty$

(für $x \to -\infty$ entsprechend)

Geometrische Bedeutung:

Die Funktionswerte kommen für $x \to \infty$ dem Wert G beliebig nahe: die zugehörige Funktionskurve hat die waagrechte Asymptote $y = G$ (→ 2.3.2).

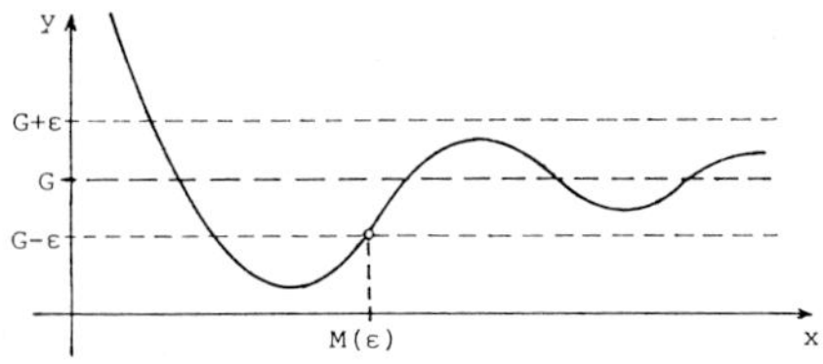

Fortsetzung Bsp. 2.8:

Mit den Bezeichnungen aus Def. 2.4 erhält man:

$$\left.\begin{array}{l} \lim\limits_{x \to +\infty} \frac{x+1}{x} = \lim\limits_{x \to +\infty} \left(1 + \frac{1}{x}\right) = 1 \\ \lim\limits_{x \to -\infty} \frac{x+1}{x} = \lim\limits_{x \to -\infty} \left(1 + \frac{1}{x}\right) = 1 \end{array}\right\} \Rightarrow \lim\limits_{x \to \pm\infty} \frac{x+1}{x} = 1$$

Das Schaubild der Funktion $f(x) = \frac{x+1}{x}$ besitzt die waagrechte Asymptote $y = 1$ (→ 2.3.2). Die Annäherung an die Asymptote erfolgt

- nach rechts (für $x \to +\infty$) von oben, da $1/x > 0$ für $x > 0$
- nach links (für $x \to -\infty$) von unten, da $1/x < 0$ für $x < 0$.

Skizze zu Bsp. 2.7/2.8:

Die Kurve ist eine rechtwinklige Hyperbel mit Asymptoten parallel zu den Koordinatenachsen und Mittelpunkt M(0/1) (→ Bd. 1: Grundlagen)

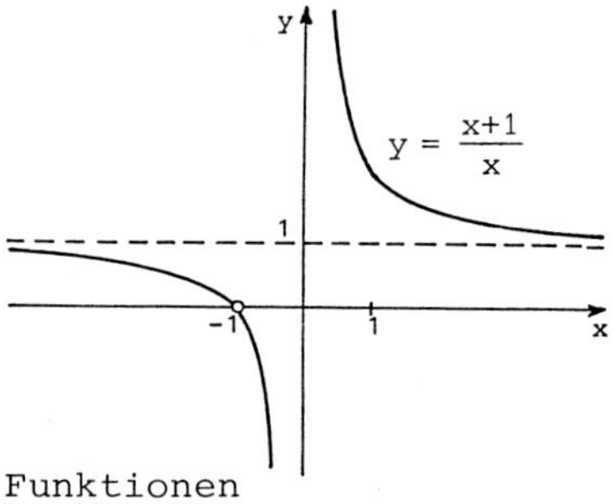

2.2. Berechnung von Grenzwerten von Funktionen

Die Grenzwertsätze für Folgen (→ Satz 1.1) gelten sinngemäß auch für Grenzwerte von Funktionen.

Satz 2.2: Grenzwertsätze

> $u(x)$ und $v(x)$ seien Funktionen mit $\lim\limits_{x \to x_0} u(x) = U$ und $\lim\limits_{x \to x_0} v(x) = V$; dann gilt:
>
> a) $\lim\limits_{x \to x_0} [u(x) \pm v(x)] = \lim\limits_{x \to x_0} u(x) \pm \lim\limits_{x \to x_0} v(x) = U \pm V$
>
> b) $\lim\limits_{x \to x_0} [u(x) \cdot v(x)] = \lim\limits_{x \to x_0} u(x) \cdot \lim\limits_{x \to x_0} v(x) = U \cdot V$
>
> c) $\lim\limits_{x \to x_0} \frac{u(x)}{v(x)} = [\lim\limits_{x \to x_0} u(x)]/[\lim\limits_{x \to x_0} v(x)] = \frac{U}{V}$ (falls $V \neq 0$)

Beispiel 2.9: $f(x) = \frac{3x-1}{2x+2}$

a) $\lim_{x\to\pm\infty} \frac{3x-1}{2x+2} = \lim_{x\to\pm\infty} \frac{3-(1/x)}{2+(2/x)} = \frac{\lim\limits_{x\to\pm\infty}(3-\frac{1}{x})}{\lim\limits_{x\to\pm\infty}(2+\frac{2}{x})} = \frac{3}{2}$

b) $\lim_{x\to 0} \frac{3x-1}{2x+2} = \frac{\lim\limits_{x\to 0}(3x-1)}{\lim\limits_{x\to 0}(2x+2)} = -\frac{1}{2} = f(0)$

c) $\lim_{x\to -1+} \frac{3x-1}{2x+2} = -\infty$ (Nenner $\to$ 0+, Zähler $\to$ -4)

$\lim_{x\to -1-} \frac{3x-1}{2x+2} = +\infty$ (Nenner $\to$ 0-, Zähler $\to$ -4)

Zur Ermittlung des Vorzeichens bei uneigentlichen Grenzwerten zerlegt man f(x) zweckmäßig in ein Produkt aus einfachen Faktoren, deren Vorzeichen leicht angegeben werden kann (Bsp. 2.9.c).

Wichtig ist die Grenzwert-Bestimmung vor allem in solchen Fällen, in denen $f(x_0)$ die unbestimmten Ausdrücke "0/0", "∞/∞", "$0\cdot\infty$" oder "$\infty-\infty$" annimmt. Einfache derartige Fälle lassen sich nach geeigneten Umformungen mit Satz 2.2 erledigen ($\to$ Bsp. 2.10/11). Ein allgemeineres Verfahren zur Ermittlung dieser unbestimmten Ausdrücke wird in Abschnitt 8.3 beschrieben.

Beispiel 2.10: $G = \lim_{x\to -1} \frac{x^3+x^2-4x-4}{x^2-1}$ (Typ "0/0")

Linearfaktor (x+1) in Zähler und Nenner abspalten und kürzen:

$\Rightarrow G = \lim_{x\to -1} \frac{(x+1)(x^2-4)}{(x+1)(x-1)} = \lim_{x\to -1} \frac{x^2-4}{x-1} = \frac{-3}{-2} = \frac{3}{2}$

Beispiel 2.11: $G = \lim_{x\to\infty} (\sqrt{x^2+2} - \sqrt{x^2+3x})$ (Typ "$\infty-\infty$")

Erweitern mit $(\sqrt{x^2+2} + \sqrt{x^2+3x})$ und Kürzen des entstehenden Bruchs:

$\Rightarrow G = \lim_{x\to\infty} \frac{x^2+2-(x^2+3x)}{\sqrt{x^2+2}+\sqrt{x^2+3x}} = \lim_{x\to\infty} \frac{-3x+2}{\sqrt{x^2+2}+\sqrt{x^2+3x}}$

$= \lim_{x\to\infty} \frac{-3+2/x}{\sqrt{1+(2/x^2)}+\sqrt{1+(3/x)}} = -\frac{3}{2}$

2.3. Grenzwerte und asymptotisches Verhalten von Funktionen

2.3.1. Uneigentliche Grenzwerte - senkrechte Asymptoten

Besitzt eine Funktion $f(x)$ an der Stelle x_o den rechtsseitigen uneigentlichen Grenzwert $+\infty$, so wachsen die Funktionswerte bei Annäherung an die Stelle x_o von rechts her über alle Grenzen. Die Funktionskurve nähert sich dabei immer mehr der Geraden $x = x_o$; sie besitzt diese Gerade als senkrechte Asymptote.

Satz 2.3: Senkrechte Asymptoten

Existiert für eine Funktion $f(x)$ an der Stelle x_o ein rechtsseitiger oder linksseitiger uneigentlicher Grenzwert

$$\lim_{x \to x_o+} f(x) = +\infty \text{ oder } -\infty \quad \text{bzw.} \quad \lim_{x \to x_o-} f(x) = +\infty \text{ oder } -\infty,$$

so ist x_o eine Unendlichkeitsstelle von $f(x)$; die Funktionskurve hat die Gerade $x = x_o$ als senkrechte Asymptote.

Definition 2.5: Polstellen

Eine Unendlichkeitsstelle, an der sowohl der rechtsseitige als auch der linksseitige Grenzwert uneigentlich ist, heißt Polstelle oder Pol. Man unterscheidet:

a) Pol mit Vorzeichenwechsel:
die uneigentlichen Grenzwerte haben verschiedenes Vorzeichen

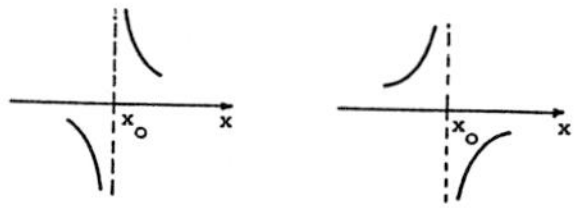

b) Pol ohne Vorzeichenwechsel:
die uneigentlichen Grenzwerte haben gleiches Vorzeichen

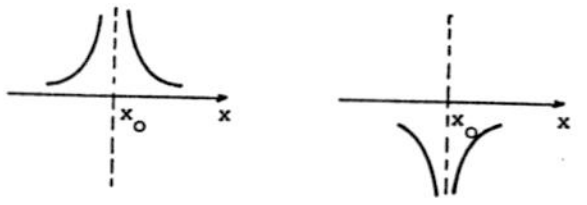

Beispiel 2.12: Polstellen einfacher Funktionen

a) $f(x) = \frac{1}{x-1}$ $\qquad x_o = 1$ ist einfache Nenner-Nullstelle, einfacher Pol

$f(x) \to +\infty$ für $x \to 1+0$ $\qquad (f(x) > 0$ für $x > 1)$

$f(x) \to -\infty$ für $x \to 1-0$ $\qquad (f(x) < 0$ für $x < 1)$

Beim Überschreiten der Stelle $x_o = 1$ ändert $f(x)$ das Vorzeichen.

$\Rightarrow$ $x_o = 1$ ist Pol mit VZW (von - nach +)

b) $f(x) = \dfrac{-2}{(x+1)^2}$ $x_o = -1$ ist doppelte Nenner-Nullstelle, doppelter Pol

$f(x) \to -\infty$ für $x \to -1 \pm 0$ (unabhängig von der Richtung der Annäherung)

$\Rightarrow$ $x_o = -1$ ist Pol ohne VZW (auf beiden Seiten negativ)

c) $f(x) = \tan x = \dfrac{\sin x}{\cos x}$

Beim Überschreiten der Nenner-Nullstellen ändert der Nenner sein Vorzeichen, während der Zähler sein Vorzeichen beibehält.

$\Rightarrow$ $x_k = \frac{\pi}{2} + k\pi$ $(k = 0, \pm 1, \pm 2, \ldots)$ sind Pole mit VZW (von - nach +)

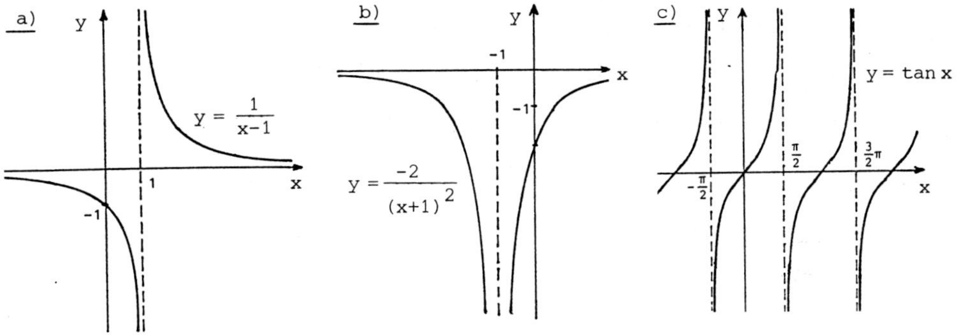

Wie Bsp. 2.12 zeigt, kommen als mögliche Polstellen bei Funktionen, deren Funktionsterm ein Bruch ist, Nenner-Nullstellen in Frage. Für die einfachste Klasse derartiger Funktionen, die gebrochenrationalen Funktionen, gilt:

Satz 2.4: Polstellen gebrochenrationaler Funktionen

Ist x_o eine p-fache Nullstelle des Nennerpolynoms und keine Nullstelle des Zählerpolynoms, so besitzt die gebrochenrationale Funktion bei x_o eine Unendlichkeitsstelle oder einen (p-fachen) Pol; $x = x_o$ ist senkrechte Asymptote der Funktionskurve.

p ungerade $\Rightarrow$ Pol mit Vorzeichenwechsel
p gerade $\Rightarrow$ Pol ohne Vorzeichenwechsel

Bemerkung: Ist x_o gemeinsame Nullstelle von Zählerpolynom und Nennerpolynom, so kürzt man den entsprechenden Faktor $(x-x_o)$ und untersucht die so entstehende einfachere Funktion. Eine Zusammenstellung der wesentlichen Eigenschaften gebrochenrationaler Funktionen mit weiteren Beispielen findet man z.B. in Bd.1: Grundlagen.

Senkrechte Asymptoten können auch auftreten am Rand des (beschränkten) Definitionsbereichs von Funktionen; in solchen Fällen stellt sich natürlich nur die Frage nach dem entsprechenden einseitigen uneigentlichen Grenzwert.

Beispiel 2.13: Senkrechte Asymptoten an Randstellen

a) $f(x) = \ln(x+1)$; D_f: $x > -1$

$\ln(x+1) \to -\infty$ für $x \to -1+0$ $\Rightarrow$ $x = -1$ ist senkrechte Asymptote

b) $f(x) = \ln(1-x^2)$; D_f: $-1 < x < +1$; $f(-x) = f(x)$ gerade Funktion

Das Schaubild ist symmetrisch zur y-Achse, es genügt also die Untersuchung am rechten Rand $x_o = 1$.

$\ln(1-x^2) \to -\infty$ für $x \to 1-0$ (da $1-x^2 \to 0+$ für $x \to 1-0$)

$\Rightarrow$ $x = -1$ und $x = 1$ sind senkrechte Asymptoten

c) $f(x) = \frac{2x}{\sqrt{x-1}}$; D_f: $x > 1$

$\lim\limits_{x \to 1+} \frac{2x}{\sqrt{x-1}} = +\infty$ (Zähler $\to 2$, Nenner $\to 0+$)

$\Rightarrow$ $x = 1$ ist senkrechte Asymptote (von rechts her nach oben)

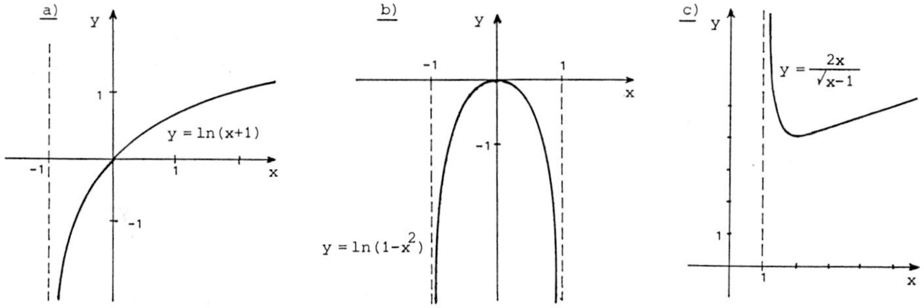

2.3.2. Verhalten für $x \to \pm\infty$

Unterscheiden sich zwei Funktionen f und g nur durch einen Summanden $r(x) = f(x) - g(x)$ mit $r(x) \to 0$ für $x \to +\infty$ (bzw. $x \to -\infty$), so unterscheiden sich die zugehörigen Kurven für $x \to +\infty$ (bzw. $x \to -\infty$) immer weniger; das Schaubild von f schmiegt sich an das Schaubild von g an. Man sagt, die beiden Funktionen f und g haben das gleiche asymptotische Verhalten.

Definition 2.6: Asymptotische Näherungskurven für $x \to \pm\infty$

Existiert für eine Funktion f(x) die Darstellung

$$f(x) = g(x) - r(x) \quad \text{mit} \quad r(x) \to 0 \text{ für } x \to +\infty \quad (x \to -\infty)$$

so ist $y = g(x)$ Gleichung einer asymptotischen Näherungskurve der Funktion f(x) für $x \to +\infty$ $(x \to -\infty)$. Man schreibt $f \simeq g$.

Beispiel 2.14:

a) $f_a(x) = \frac{2x+2}{x+3} = 2 - \frac{4}{x+3} \quad \Rightarrow \quad f_a(x) \simeq 2$ für $x \to \pm\infty$

b) $f_b(x) = \frac{1}{2}x + 3e^{-x} \quad \Rightarrow \quad f_b(x) \simeq \frac{1}{2}x$ für $x \to +\infty$

c) $f_c(x) = \frac{x^3+1}{x} = x^2 + \frac{1}{x} \quad \Rightarrow \quad f_c(x) \simeq x^2$ für $x \to \pm\infty$

Ist g(x) wie in Bsp.2.14.a eine Konstante, so handelt es sich bei der Näherungskurve um eine waagrechte Asymptote, eine Gerade parallel zur x-Achse, der sich die Funktionskurve für $x \to \infty$ beliebig genau annähert. In Bsp.2.14.b ist g(x) eine lineare Funktion, die asymptotische Näherungskurve also eine schiefe Asymptote. In Bsp.2.14.c besitzt die Funktion eine Parabel als asymptotische Näherungskurve.

Für den Sonderfall der waagrechten Asymptoten gilt der folgende Satz:

Satz 2.5: Waagrechte Asymptoten (→ Skizze zu Def. 2.4)

a) $\lim\limits_{x \to +\infty} f(x) = c, \quad c \in \mathbb{R} \quad \Leftrightarrow \quad y = c$ ist waagrechte Asymptote für $x \to +\infty$

b) $\lim\limits_{x \to -\infty} f(x) = d, \quad d \in \mathbb{R} \quad \Leftrightarrow \quad y = d$ ist waagrechte Asymptote für $x \to -\infty$

Beispiel 2.15: Asymptotisches Verhalten einiger transzendenter Funktionen

a) $\lim\limits_{x \to \infty} (\sin x)$ Grenzwert existiert nicht, Kurve schwingt zwischen +1 und -1; keine waagrechte Asymptote

b) $\lim\limits_{x \to \infty} \frac{\sin x}{x} = 0$ Wegen $\left|\frac{\sin x}{x}\right| \leq \left|\frac{1}{x}\right|$ verläuft die Kurve zwischen den Kurven $y = \pm 1/x$; x-Achse ist waagr. Asympt.

c) $\lim\limits_{x \to \infty} (e^{-x} \sin x) = 0$ Kurve verläuft zwischen $y = e^{-x}$ und $y = -e^{-x}$; x-Achse ist waagrechte Asymptote für $x \to +\infty$.

Beispiel 2.16: Verhalten gebrochenrationaler Funktionen für $|x| \to \infty$

a) $\lim\limits_{x\to\pm\infty} \dfrac{2x^2-3x}{3x^2-x+1} = \lim\limits_{x\to\pm\infty} \dfrac{2-(3/x)}{3-(1/x)+(1/x^2)} = \dfrac{2}{3} \Rightarrow$ waagr. As. $y = \dfrac{2}{3}$

b) $\lim\limits_{x\to\pm\infty} \dfrac{x^2+2x}{3x^3-x^2+1} = \lim\limits_{x\to\pm\infty} \dfrac{1+(2/x)}{3x-1+(1/x^2)} = 0 \Rightarrow$ waagr. As. $y = 0$

c) $\lim\limits_{x\to\pm\infty} \dfrac{4x^3+1}{2x^2-x} = \lim\limits_{x\to\pm\infty} \dfrac{4x+(1/x^2)}{2-(1/x)} = \pm\infty$

Polynomdivision: $\dfrac{4x^3+1}{2x^2-x} = 2x+1+\dfrac{x+1}{2x^2-x} \Rightarrow$ schiefe As. $y = 2x+1$

d) $\lim\limits_{x\to\pm\infty} \dfrac{x^4}{x^2-4} = \lim\limits_{x\to\pm\infty} \dfrac{x^2}{1-(4/x^2)} = \pm\infty$

Polynomdivision: $\dfrac{x^4}{x^2-4} = x^2+4+\dfrac{16}{x^2-4} \Rightarrow$ as. Näh.kurve $y = x^2+4$

Verallgemeinerung: In der gebrochenrationalen Funktion

$$R(x) = \frac{a_n x^n + a_{n-1}x^{n-1} + \ldots + a_1 x + a_o}{b_m x^m + b_{m-1}x^{m-1} + \ldots + b_1 x + b_o} \quad \text{mit } a_i, b_i \in \mathbb{R},\ a_n \neq 0,\ b_m \neq 0$$

sind für große $|x|$ in Zähler und Nenner jeweils die Glieder höchster Potenz entscheidend. Kürzen mit der höchsten gemeinsamen Potenz von Zähler und Nenner führt auf eine Form der Funktionsgleichung, an der das Verhalten für $|x| \to \infty$ abgelesen werden kann. Ist $n > m$, so erhält man die Gleichung der asymptotischen Näherungsgleichung mit Hilfe der Polynomdivision: der echt gebrochenrationale Anteil geht gegen Null, der ganzrationale Anteil stellt die gesuchte Näherungsfunktion dar.

Satz 2.6: Verhalten der gebrochenrationalen Funktion R(x) für $x \to \pm\infty$

a) Zählergrad n < Nennergrad m $\Rightarrow \lim\limits_{x\to\pm\infty} R(x) = 0$

b) Zählergrad n = Nennergrad m $\Rightarrow \lim\limits_{x\to\pm\infty} R(x) = a_n/b_n \ (\neq 0)$

c) Zählergrad n > Nennergrad m $\Rightarrow \lim\limits_{x\to\pm\infty} R(x) = +\infty$ oder $-\infty$

In den Fällen a) und b) besitzt die Funktionskurve eine waagrechte Asymptote. Im Fall c) ergibt sich als Näherungskurve das Schaubild einer ganzrationalen Funktion vom Grad (n-m); für $n = m+1$ besitzt die Kurve eine schiefe Asymptote.

2.4. Aufgaben

Ermitteln Sie die Grenzwerte:

1\. a) $\lim\limits_{x \to -\frac{2}{3}} \frac{9x^2-4}{3x+2}$ b) $\lim\limits_{x \to -4} \frac{x^2+4x}{2x+8}$ c) $\lim\limits_{x \to a} \frac{x^4-a^4}{x-a}$ ($a \in \mathbb{R}$)

d) $\lim\limits_{x \to \infty} \frac{2+x-x^2}{2x^2+3}$ e) $\lim\limits_{x \to -\infty} \frac{x^3+2x}{3x^5-7}$ f) $\lim\limits_{x \to \pm\infty} \frac{2x^2+x-1}{3x+1}$

g) $\lim\limits_{x \to -2+} \frac{3x^2-1}{x+2}$ h) $\lim\limits_{x \to \sqrt{2}} \frac{2x^4+2x^2-12}{x^2-2}$ i) $\lim\limits_{x \to -2} \frac{x^2+4x+4}{x^2-4}$

2\. a) $\lim\limits_{x \to \infty} \frac{\sqrt{x^2+1}}{2x}$ b) $\lim\limits_{x \to 1} \frac{1-x}{1-\sqrt{x}}$ c) $\lim\limits_{x \to +\infty} \frac{\sqrt{1+x^3}}{x^2+1}$

3\. a) $\lim\limits_{x \to 0} \frac{\sqrt{1+x}-1}{x}$ (Erweitern mit $\sqrt{1+x}+1$)

b) $\lim\limits_{x \to \frac{\pi}{2}} \frac{1-\sin x}{\cos x}$ (Erweitern mit $1+\sin x$)

4\. a) $\lim\limits_{x \to 0} \frac{\sin x \cos x}{2x}$ b) $\lim\limits_{x \to 0} \frac{\sin 2x}{4 \sin x}$ c) $\lim\limits_{x \to \infty} \frac{\sin 2x}{4 \sin x}$

5\. Gegeben ist die Funktion $f(x) = \begin{cases} \frac{|9-3x|}{x-3} & \text{für } x \neq 3 \\ 0 & \text{für } x = 3 \end{cases}$

Welche der folgenden Grenzwerte existieren, und welchen Wert haben sie?

a) $\lim\limits_{x \to 0} f(x)$ b) $\lim\limits_{x \to 3-} f(x)$ c) $\lim\limits_{x \to 3+} f(x)$ d) $\lim\limits_{x \to 3} f(x)$

6\. Untersuchen Sie das Verhalten der Funktion für $x \to \pm\infty$. Skizzieren Sie die Kurven:

a) $f(x) = \frac{1}{2}(e^x + e^{-x})$ b) $g(x) = \frac{1}{2}(e^x - e^{-x})$ (→ 6.5)

7\. Beweisen Sie: Die Hyperbel mit der Gleichung $\frac{x^2}{a^2} - \frac{y^2}{b^2} = 1$ besitzt die Asymptoten $y_{as} = \pm\frac{b}{a}x$.

Hinweis: Lösen Sie die Hyperbelgleichung auf nach y und berechnen Sie den Grenzwert der Differenz $y - y_{as}$ für $x \to \pm\infty$.

3. STETIGKEIT

3.1. Definition der Stetigkeit

Unter einer stetigen Funktion versteht man eine Funktion ohne Lücken und Sprünge, deren Schaubild durch einen ununterbrochenen Linienzug dargestellt werden kann. Diese anschauliche Deutung der Stetigkeit bedeutet genauer, daß sich die Funktionswerte (beliebig) wenig ändern, wenn das Argument x (hinreichend) wenig variiert. Man kann diese Eigenschaft exakt definieren mit Hilfe des Grenzwertbegriffs aus Abschnitt 2.

Definition 3.1: Stetigkeit

Die Funktion $y = f(x)$ heißt

a) stetig an der Stelle x_o, wenn $\lim\limits_{x \to x_o} f(x) = f(x_o)$ ist;

b) stetig im Intervall I, wenn sie für jedes $x \in I$ stetig ist.

Damit f an der Stelle x_o stetig ist, müssen also drei Eigenschaften erfüllt sein:

1. f ist an der Stelle x_o definiert
2. $\lim\limits_{x \to x_o} f(x)$ existiert (endlicher Wert)
3. $\lim\limits_{x \to x_o} f(x) = f(x_o)$

Sind nicht alle drei Bedingungen erfüllt, so heißt f unstetig an der Stelle x_o.

An Randstellen eines endlichen Definitionsbereichs einer Funktion interessiert die Stetigkeit an Intervallenden: mit Hilfe des rechts- oder linksseitigen Grenzwerts definiert man die rechtsseitige oder linksseitige Stetigkeit.

Beispiel 3.1: $f(x) = \sqrt{x}$

a) stetig z.B. an der Stelle $x_o = 2$: $\lim\limits_{x \to 2} \sqrt{x} = \sqrt{2} = f(2)$

b) stetig an jeder Stelle $x_o > 0$

c) wegen $\lim\limits_{x \to 0+} \sqrt{x} - f(0) = 0$ rechtsseitig stetig an der Randstelle $x_o = 0$

$\Rightarrow$ $f(x) = \sqrt{x}$ ist stetig im Definitionsbereich $0 \leq x < \infty$.

Beispiel 3.2:

$$f(x) = \operatorname{sign} x = \begin{cases} 1 & \text{für } x > 0 \\ -1 & \text{für } x < 0 \end{cases} \qquad \text{unstetig an der Stelle } x_0 = 0$$

Beispiel 3.3: $f(x) = \frac{1}{x}$ ist an der Stelle $x_0 = 0$ nicht definiert, kann dort also auch nicht stetig sein. Im abgeschlossenen Intervall $1 \leq x \leq 2$ ist $f(x) = \frac{1}{x}$ dagegen stetig; stetig in jedem abgeschlossenen Intervall, das den Punkt $x_0 = 0$ nicht enthält.

3.2. Sätze über stetige Funktionen

Satz 3.1:

$$f(x),\ g(x) \text{ stetig} \Rightarrow \left\{ \begin{array}{l} f(x) + g(x) \\ f(x) \cdot g(x) \\ \frac{f(x)}{g(x)},\ g(x) \neq 0 \end{array} \right\} \text{ stetig}$$

Folgerungen:

1. Ganzrationale Funktionen (Polynome) sind überall stetig, d.h. stetig für alle $x \in \mathbb{R}$
2. Gebrochenrationale Funktionen sind überall stetig mit Ausnahme der Nenner-Nullstellen; sie sind also überall stetig, wo sie definiert sind.
3. $\sin x$ und $\cos x$ sind überall stetig (s. Def. am Einheitskreis). Damit folgt weiter:

$$\left. \begin{array}{ll} \tan x = \frac{\sin x}{\cos x} & \text{stetig für } x \neq \frac{\pi}{2} + k\pi \\ \cot x = \frac{\cos x}{\sin x} & \text{stetig für } x \neq k\pi \end{array} \right\} \quad (k = 0, \pm 1, \pm 2, \ldots)$$

4. $f(x) = a^x$ $(a > 0,\ a \neq 1)$ ist überall stetig
   $f(x) = \log_a x$ $(a > 1)$ ist stetig für alle $x > 0$.

Satz 3.2: Stetigkeit verketteter Funktionen

$$\left. \begin{array}{l} g \text{ stetig an der Stelle } x_0 \in D_g \\ f \text{ stetig an der Stelle } u_0 = g(x_0) \in D_f \end{array} \right\} \Rightarrow \left\{ \begin{array}{l} f[g(x)] \text{ ist stetig} \\ \text{an der Stelle } x_0 \end{array} \right.$$

Beispiel 3.4:

a) $y = \sin(x^2)$ überall stetig

b) $y = \ln(x^2-1)$ stetig für alle x mit $x^2-1 > 0$, d.h. für $|x| > 1$

Bei Stetigkeitsuntersuchungen elementarer Funktionen treten als kritische Stellen auf:

- Nenner-Nullstellen
- Randstellen bei Funktionen mit beschränktem Definitionsbereich
- Nahtstellen bei abschnittsweise definierten Funktionen

3.3. Arten von Unstetigkeitsstellen

Beispiel 3.5: $f(x) = \frac{x^2-1}{x-1}$; $x_0 = 1$

$f(1)$ ist nicht definiert ("unbestimmter Ausdruck der Form $\frac{0}{0}$")

Für $x \neq 1$ kann man den gemeinsamen Faktor $(x-1)$ von Zähler und Nenner kürzen und erhält den Grenzwert an der Stelle 1:

$$\lim_{x \to 1} \frac{x^2-1}{x-1} = \lim_{x \to 1} \frac{(x-1)(x+1)}{(x-1)} = \lim_{x \to 1} (x+1) = 2$$

$f(x)$ läßt sich damit stetig ergänzen zur Funktion $f^*(x)$

$$f^*(x) = \left\{ \begin{matrix} \frac{x^2-1}{x-1} & \text{für} & x \neq 1 \\ 2 & \text{für} & x = 1 \end{matrix} \right\} = x+1 \qquad \text{stetig für alle } x \in \mathbb{R}$$

Beispiel 3.6: $f(x) = \frac{\sin x}{x}$; $x_0 = 0$

Wegen $\lim_{x \to 0} \frac{\sin x}{x} = 1$ (→ Bsp. 2.6) kann man $f(x)$ stetig ergänzen zur Funktion $f^*(x)$:

$$f^*(x) = \begin{cases} \frac{\sin x}{x} & \text{für } x \neq 0 \\ 1 & \text{für } x = 0 \end{cases} \qquad \text{stetig für alle } x \in \mathbb{R}$$

Existiert wie in Bsp. 3.5/6 an der Unstetigkeitsstelle x_0 der Grenzwert der Funktion, so kann man die Unstetigkeit beheben und die Funktion stetig ergänzen; anschaulich ergänzt man dabei die Funktionskurve um einen fehlenden Punkt. Man nennt solche Unstetigkeitsstellen hebbare Unstetigkeitsstellen.

Beispiel 3.7: $f(x) = \frac{x^2+|x|}{x}$; $x_0 = 0$

$$f(x) = \begin{cases} \frac{x^2+x}{x} = x+1 & \text{für } x > 0 \quad \Rightarrow \quad \lim_{x \to 0+} f(x) = 1 \\ \frac{x^2-x}{x} = x-1 & \text{für } x < 0 \quad \Rightarrow \quad \lim_{x \to 0-} f(x) = -1 \end{cases}$$

Die einseitigen Grenzwerte sind verschieden; $f(x)$ besitzt an der Stelle $x_0 = 0$ also keinen Grenzwert.

Existieren wie in Bsp.3.7 an der Unstetigkeitsstelle die beiden einseitigen Grenzwerte und sind sie verschieden, so läßt sich die Funktion nicht stetig ergänzen. Man nennt solche Stellen <u>Sprungstellen</u> (Unstetigkeitsstellen 1. Art).

<u>Beispiel 3.8:</u> $f(x) = \frac{1}{x-1}$; $x_o = 1$

Beide einseitigen Grenzwerte sind uneigentlich:

$\lim\limits_{x \to 1+} \frac{1}{x-1} = +\infty$; $\lim\limits_{x \to 1-} \frac{1}{x-1} = -\infty$ Pol mit Vorzeichenwechsel (→ Def.2.5)

<u>Beispiel 3.9:</u> $f(x) = \sin\frac{\pi}{x}$; $x_o = 0$ (vgl. Bsp. 2.3)

ungerade Funktion, symmetrisch zum Nullpunkt; Untersuchung für $x > 0$ genügt.

Nullstellen: $x_N = 1, \frac{1}{2}, \frac{1}{3}, \ldots$

Maxima: $x_M = 2, \frac{2}{5}, \frac{2}{9}, \frac{2}{13}, \ldots$; $y_M = 1$

Minima: $x_m = \frac{2}{3}, \frac{2}{7}, \frac{2}{11}, \frac{2}{15}, \ldots$; $y_m = -1$

In jeder noch so kleinen Umgebung von $x_o = 0$ nimmt $\sin\frac{\pi}{x}$ jeden Wert zwischen -1 und +1 unendlich oft an; man sagt, die Funktion hat an der Stelle $x_o = 0$ eine <u>Oszillationsstelle</u>.

<u>Definition 3.2:</u> <u>Klassifikation von Unstetigkeitsstellen</u>

f(x) sei an der Stelle x_o unstetig. x_o heißt

a) <u>hebbare Unstetigkeitsstelle</u>, falls $\lim\limits_{x \to x_o} f(x) = G$ existiert;
f(x) kann durch die zusätzliche Definition $f(x_o) = G$ stetig ergänzt werden (G endlicher Wert).

b) <u>Unstetigkeitsstelle 1. Art</u> oder <u>Sprungstelle</u>, falls
$\lim\limits_{x \to x_o+} f(x) = G_R$ und $\lim\limits_{x \to x_o-} f(x) = G_L$ existieren mit $G_R \neq G_L$
(G_R, G_L endliche Werte).

c) <u>Unstetigkeitsstelle 2. Art</u>, wenn mindestens einer der einseitigen Grenzwerte nicht existiert.
Sind beide einseitigen Grenzwerte uneigentlich, so heißt x_o <u>Polstelle</u> oder <u>Pol</u> (→ Def. 2.5)

Zu Definition 3.2: Arten von Unstetigkeitsstellen

a) Funktionen mit einer hebbaren Unstetigkeitsstelle x_o

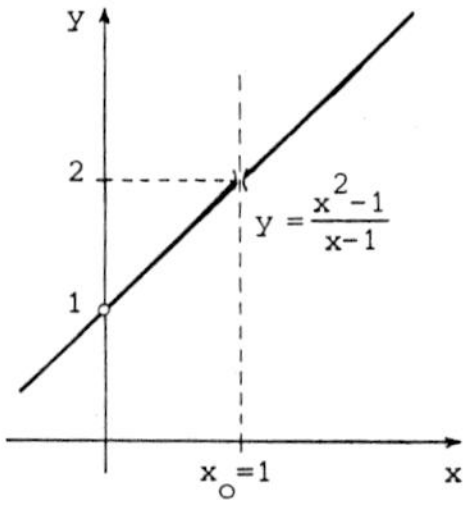

Beispiel 3.5

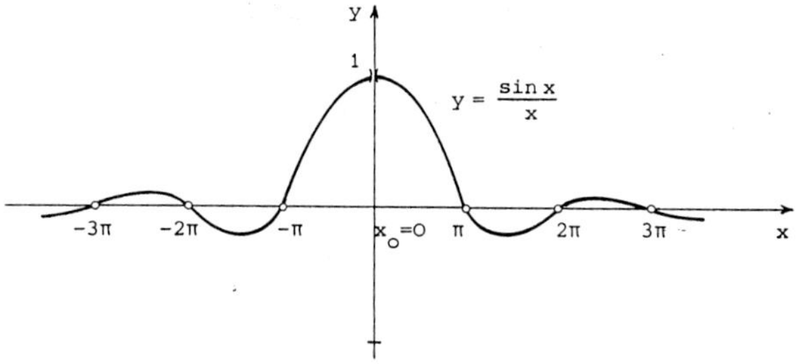

Beispiel 3.6

b) Funktion mit einer Sprungstelle x_o

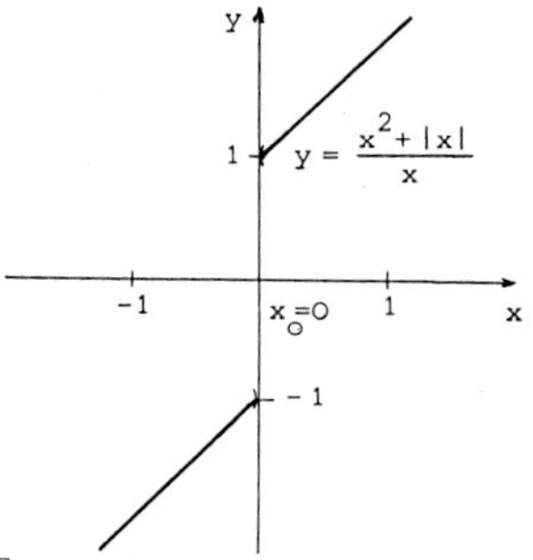

Beispiel 3.7

c) Funktionen mit Unstetigkeitsstellen 2.Art: Im Beispiel 3.8 ist $x_o=1$ ein Pol mit Vorzeichenwechsel; im Beispiel 3.9 bezeichnet man $x_o=0$ als Oszillationsstelle.

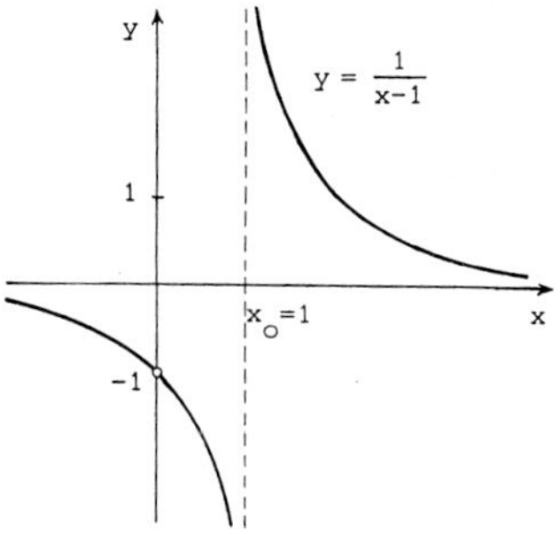

Beispiel 3.8

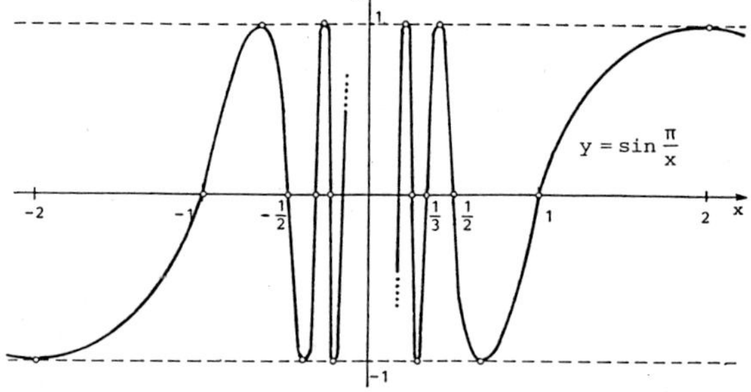

Beispiel 3.9

In den Anwendungen spielen Funktionen mit Sprungstellen eine wichtige Rolle:

Definition 3.3: Stückweise stetige Funktionen

Eine Funktion heißt in einem Intervall stückweise stetig, wenn sie bis auf endlich viele Sprungstellen stetig ist.

Beispiel 3.10:

a) $f(x) = \begin{cases} 1 & \text{für } 0 \leq x < 1 \\ 0 & \text{für } 1 \leq x < 2 \\ 1 & \text{für } 2 \leq x < 3 \\ 0 & \text{für } 3 \leq x < 4 \end{cases}$

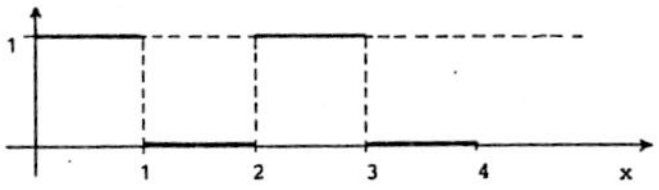

b) $f(x) = x - n \quad \text{für} \quad n \leq x < n+1$
$(n = 0, 1, 2, \ldots)$

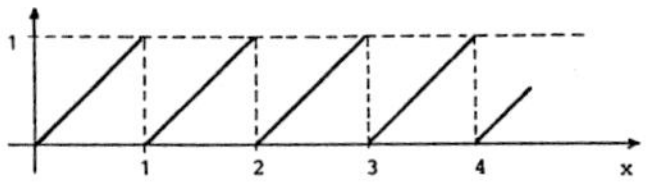

c) $f(x) = \begin{cases} 0 & \text{für } x < 1 \\ \frac{n}{6} & \text{für } n \leq x < n+1 \\ & (n = 1, 2, \ldots 5) \\ 1 & \text{für } 6 \leq x \end{cases}$

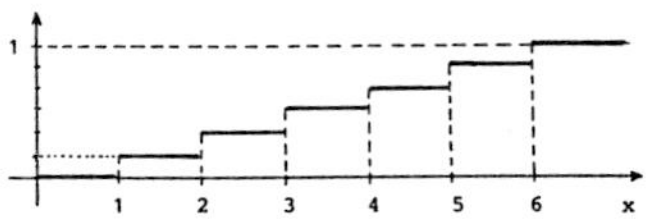

In Bsp.a) handelt es sich um eine stückweise stetige Funktion in $[0, 4)$, die als Teilabschnitt einer Rechteckschwingung aufgefaßt werden kann. Bsp. b) stellt eine Sägezahnschwingung mit Periode 1 dar; die Funktion ist in jedem beschränkten Bereich $a \leq x \leq b$ stückweise stetig. Funktionen, die stückweise konstant sind, wie Bsp. c), heißen Treppenfunktionen.

3.4. Eigenschaften stetiger Funktionen

Satz 3.3: $f(x)$ sei stetig im abgeschlossenen Intervall $[a, b]$.

Dann gilt:

a) $f(x)$ ist beschränkt

b) $f(x)$ nimmt jeden Wert zwischen $f(a)$ und $f(b)$ an: Eine stetige Funktion läßt keinen Zwischenwert aus.

c) Ist $f(a) \cdot f(b) < 0$, dann hat $f(x)$ mindestens eine Nullstelle in $[a, b]$.

d) $f(x)$ besitzt in $[a, b]$ einen größten Wert (absolutes Maximum) und einen kleinsten Wert (absolutes Minimum). Diese Extremwerte können am Rand liegen !

Veranschaulichung der Aussagen von Satz 3.3:

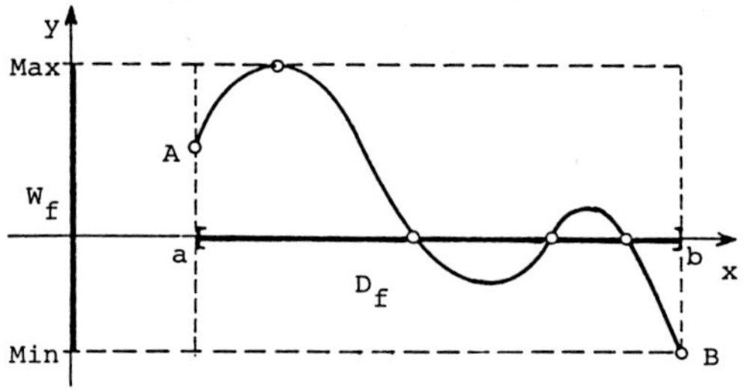

S. 3.3.a,d: $D_f = [a,b] \overset{f \text{ stetig}}{\Rightarrow} W_f = [\text{Min}, \text{Max}]$

b,c: Jede ununterbrochene Kurve von A nach B nimmt jeden Wert zwischen f(a) und f(b) mindestens einmal an.

Anwendung des Nullstellensatzes S. 3.3.c

Ist eine Nullstelle einer stetigen Funktion gesucht, so kann man mit dem Nullstellensatz häufig leicht ein Intervall angeben, in dem diese Nullstelle liegt. Durch wiederholte Intervallhalbierung läßt sich ein einfaches Verfahren zur näherungsweisen Bestimmung von Nullstellen aufbauen.

Beispiel 3.11: Rohwerte für Nullstelle von $f(x) = x^3+x-6$

$f(0) = -6$;	$f(2) = 4$	$\Rightarrow$	$0 < x_N < 2$	
$f(1) = -4$		$\Rightarrow$	$1 < x_N < 2$	
$f(1{,}5) = -1{,}125$		$\Rightarrow$	$1{,}5 < x_N < 2$	
$f(1{,}75) = 1{,}109$		$\Rightarrow$	$1{,}5 < x_N < 1{,}75$	usw

Da nur das Vorzeichen und nicht die Größe der Funktionswerte verwendet wird, konvergiert das Halbierungsverfahren zwar zuverlässig, aber meistens nicht sehr schnell gegen die gesuchte Nullstelle x_N. Man verwendet den Nullstellensatz deshalb häufig nur zur Ermittlung von "Rohwerten", die dann mit schnelleren Iterationsverfahren verbessert werden (→ z.B. 8.2).

3.5. Aufgaben

1. Untersuchen Sie die Funktion f auf mögliche Definitionslücken. Läßt sich f stetig ergänzen? Wie lautet gegebenenfalls die stetig ergänzte Funktion f^*?

a) $f(x) = \frac{x^2}{x}$ b) $f(x) = \frac{x}{x^2}$

c) $f(x) = \frac{x^2 - 9}{x - 3}$ d) $f(x) = \frac{2x^4 - 6x^3 + x^2 + 3}{x - 1}$

e) $f(x) = \frac{x^2 - 1}{|x+1|}$

2. Für welche $x \in \mathbb{R}$ sind folgende Funktionen stetig bzw. stetig ergänzbar?

a) $f(x) = \frac{x}{1 - x^2}$ b) $f(x) = \frac{x}{1 + x^2}$

c) $f(x) = \frac{1 + \cos x}{2 + \sin x}$ d) $f(x) = \frac{x}{\sin 2x}$

e) $f(x) = \sqrt{6 + x - x^2}$ f) $f(x) = \frac{1}{\sqrt{9 + x}}$

g) $f(x) = e^{-|x|}$ h) $f(x) = e^{-|x|} \cdot \operatorname{sign} x$

i) $f(x) = \begin{cases} \frac{2|x| - x}{x} & \text{für } x \neq 0 \\ -3 & \text{für } x = 0 \end{cases}$

3. Bestimmen Sie den Parameter A so, daß die Funktion überall stetig ist.

a) $f(x) = \begin{cases} A^2 - x^2 & \text{für } x < \pi/2 \\ \cos x & \text{für } x \geq \pi/2 \end{cases}$

b) $f(x) = \begin{cases} \frac{1}{2}x^2 & \text{für } |x| < 2 \\ \frac{A}{x^2} & \text{für } |x| \geq 2 \end{cases}$

4. DIFFERENZIERBARKEIT

4.1. Die Ableitung einer Funktion

4.1.1. Geometrischer Zugang - Tangentenproblem

Gegeben sei eine Kurve durch die Funktionsgleichung $y = f(x)$. Gesucht sind Aussagen über die Steigung dieser Kurve.

a) Unter der mittleren Steigung der Kurve $y = f(x)$ im Intervall $[x_o, x_1]$ versteht man die Steigung der Sekante P_oP_1:

$$m = \tan\alpha = \frac{\Delta y}{\Delta x} = \frac{y_1 - y_o}{x_1 - x_o} = \frac{f(x_1) - f(x_o)}{x_1 - x_o}$$

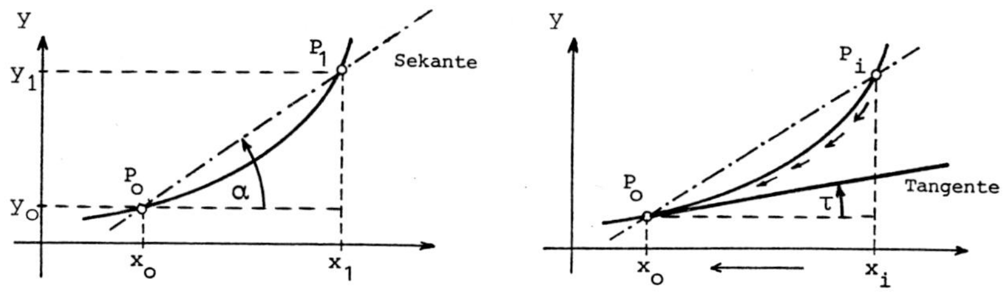

b) Interessiert man sich für die (lokale) Steigung an der Stelle x_o, so hält man x_o fest und betrachtet eine Folge $\{x_i\}$ mit $x_i \to x_o$ $(i = 1, 2, \ldots)$; die Punkte $P_i(x_i/f(x_i))$ "rutschen" dabei auf der Kurve gegen P_o. Die zugehörige Folge von Sekanten konvergiert bei glattem Kurvenverlauf gegen die Kurventangente. Hat die Folge der Sekantensteigungen einen Grenzwert, dann ist dieser Grenzwert die Steigung der Kurve an der Stelle x_o.

Definition 4.1: Ableitung an der Stelle x_o

Existiert der Grenzwert $\lim\limits_{\Delta x \to 0} \frac{\Delta y}{\Delta x} = \lim\limits_{x \to x_o} \frac{f(x) - f(x_o)}{x - x_o} = A$, so heißt A Ableitung der Funktion f(x) an der Stelle x_o; die Funktion f(x) heißt dann differenzierbar an der Stelle x_o. A ist die Steigung der Kurventangente im Punkt $P_o(x_o/f(x_o))$; es gilt: $A = m_t = \tan\tau$.

Bezeichnungen und Schreibweisen:

$$A = f'(x_o) = y'(x_o) = \left.\frac{df}{dx}\right|_{x_o} = \left.\frac{dy}{dx}\right|_{x_o}$$ "f-Strich", ... "df-nach-dx", ...

$$= \lim_{\Delta x \to 0} \left.\frac{\Delta y}{\Delta x}\right|_{x_o} = \lim_{x \to x_o} \frac{f(x) - f(x_o)}{x - x_o} = \lim_{h \to 0} \frac{f(x_o + h) - f(x_o)}{h}$$

Die Sekantensteigung $\frac{\Delta y}{\Delta x}$ heißt Differenzenquotient, der Grenzwert (Tangentensteigung) $\frac{dy}{dx}$ heißt Differentialquotient (→ 4.3).

c) Läßt man $x = x_o$ in einem Intervall I variieren, und existiert an jeder Stelle $x \in I$ die Ableitung, so erhält man eine Funktion $f'(x)$:

Definition 4.2: Ableitungsfunktion

Ist $y = f(x)$ für alle x im Intervall I differenzierbar, so heißt $f(x)$ differenzierbar im Intervall I. Die Ableitungsfunktion oder kurz Ableitung $y' = f'(x)$ ordnet den Argumenten $x \in I$ die Werte der Tangentensteigung der Kurve $y = f(x)$ zu.

4.1.2. Physikalischer Zugang - Geschwindigkeit

Grenzwerte von Differenzenquotienten wie in Def. 4.1 treten in den Anwendungen häufig auf. Das klassische Beispiel dafür ist der Begriff der Geschwindigkeit.

Beispiel 4.1: Geschwindigkeit beim freien Fall

Messungen beim freien Fall eines Körpers ergeben das Weg-Zeit-Gesetz

$$s(t) = \frac{1}{2} g t^2$$

(s = Entfernung vom Startpunkt, g = Erdbeschleunigung)

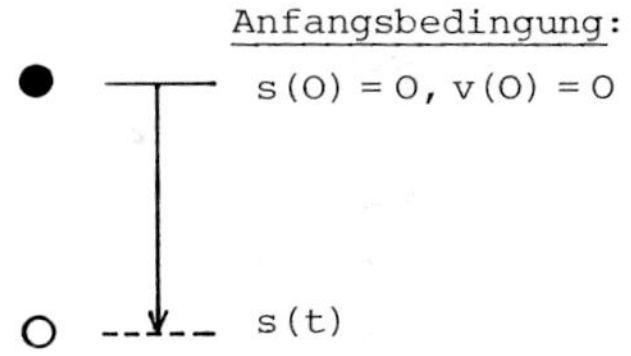

Als mittlere Geschwindigkeit v_m im Zeitintervall $\Delta t = t - t_o$ bezeichnet man den Quotienten aus zurückgelegtem Weg Δs und der zugehörigen Zeitspanne Δt:

$$v_m = \frac{\Delta s}{\Delta t} = \frac{s - s_o}{t - t_o} = \frac{\frac{1}{2}gt^2 - \frac{1}{2}gt_o^2}{t - t_o} = \frac{1}{2}g \cdot (t + t_o) \quad \text{für} \quad t \neq t_o$$

Bei festgehaltener Anfangszeit t_o hängt v_m von der Länge des Zeitintervalls Δt ab. Für jedes $t \neq t_o$, d.h. für jedes $\Delta t \neq 0$ erhält man eine mittlere Geschwindigkeit v_m als Differenzenquotient. Wählt man immer kürzere

Zeitintervalle, so liefert der Grenzwert von v_m für $\Delta t \to 0$ die Momentangeschwindigkeit v zur Zeit t_0:

$$v(t_0) = \lim_{\Delta t \to 0} \frac{\Delta s}{\Delta t} = \lim_{t \to t_0} \frac{s - s_0}{t - t_0} = \frac{1}{2} g \cdot 2t_0 = g t_0$$

Im Diagramm erscheint die Maßzahl von v_m als Steigung der Sekante und die Maßzahl von $v(t_0)$ als Steigung der Tangente an die s,t-Kurve an der Stelle t_0.

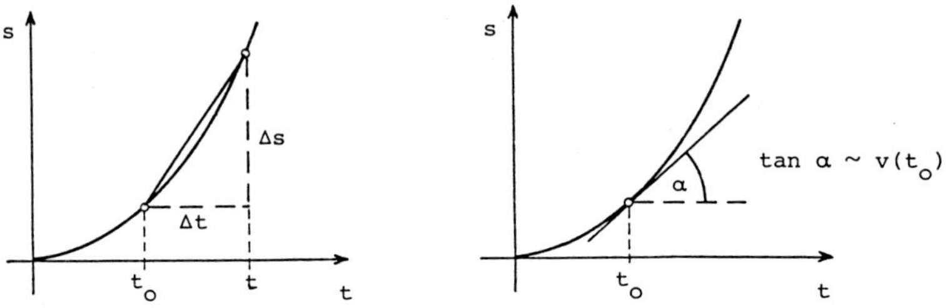

Betrachtet man alle Zeitpunkte $t > 0$, so erhält man das Geschwindigkeit-Zeit-Gesetz $v = v(t)$ als Ableitung des Weg-Zeit-Gesetzes. In der Physik ist es üblich, die Ableitung nach der Zeit mit einem Punkt zu bezeichnen; die Definitionsgleichung für die Geschwindigkeit lautet also

$$v(t) = \lim_{\Delta t \to 0} \frac{\Delta s}{\Delta t} = \frac{ds}{dt} = \dot{s}(t) \qquad \text{("s-Punkt-von-t")}$$

Für den freien Fall aus der Ruhe heraus, d.h. mit den Anfangsbedingungen $s(0) = 0$, $v(0) = 0$, ergeben sich die Beziehungen:

$$s(t) = \frac{1}{2} g t^2 \quad \Rightarrow \quad v(t) = \dot{s}(t) = g t$$

4.2. Beispiele und wichtige Grundformeln

Beispiel 4.2: Ableitung von x^n als Grenzwert von Differenzenquotienten

Mit $(x+h)^n = x^n + nx^{n-1}h + \ldots + h^n$ erhält man die Ableitung aus der Definitionsgleichung

$$\lim_{h \to 0} \frac{f(x+h) - f(x)}{h} = \lim_{h \to 0} \frac{(x+h)^n - x^n}{h} = \lim_{h \to 0} \frac{x^n + nx^{n-1}h + \ldots + h^n - x^n}{h}$$

$$= \lim_{h \to 0} (n x^{n-1} + \underbrace{h \cdot [\ldots]}_{\to 0}) = n x^{n-1}$$

$$\Rightarrow \quad \boxed{(x^n)' = n x^{n-1}} \qquad n = 1, 2, 3 \ldots$$

Beispiel 4.3: $f(x) = x^{3/2}$; rechtsseitige Ableitung am Rand von D_f: $x_o = 0$

$f(x)$ ist definiert und stetig für $x \geq 0$; Grenzwertbetrachtung mit $h > 0$

$$f'(0+) = \lim_{h\to 0} \frac{f(x_o+h) - f(x_o)}{h} = \lim_{h\to 0} \frac{h^{3/2} - 0}{h} = \lim_{h\to 0} (h^{1/2}) = 0$$

$\Rightarrow$ $f(x) = x^{3/2}$ ist an der Randstelle $x_o = 0$ rechtsseitig differenzierbar; die Tangente im Punkt (0/0) verläuft waagrecht.

Beispiel 4.4: $f(x) = \sqrt{x}$; Randstelle $x_o = 0$

$$\lim_{h\to 0} \frac{f(0+h) - f(0)}{h} = \lim_{h\to 0} \frac{\sqrt{h}}{h} = +\infty \qquad (D_f: x \geq 0, \text{ also } h > 0)$$

$\Rightarrow$ $f(x) = \sqrt{x}$ besitzt an der Stelle $x_o = 0$ die rechtsseitige uneigentliche Ableitung $+\infty$; die Kurventangente im Randpunkt (0/0) verläuft senkrecht zur x-Achse (parallel zur y-Achse).

Wie in Bsp. 4.3 interessieren an Randstellen eines Definitionsbereichs rechtsseitige bzw. linksseitige Differenzierbarkeit. Man erhält die entsprechenden Ableitungen als rechtsseitige bzw. linksseitige Grenzwerte von Differenzenquotienten.

Bsp. 4.4 veranschaulicht den Fall uneigentlicher Ableitungswerte, die sowohl im Innern des Definitionsbereichs als auch am Rand eines Intervalls als einseitige uneigentliche Ableitungen auftreten können.

Beispiel 4.5: $f(x) = |x|$; $x_o = 0$

Die Betragsfunktion ist überall stetig. Links- und rechtsseitiger Grenzwert der Differenzenquotienten an der "Knickstelle" existieren, sind aber verschieden:

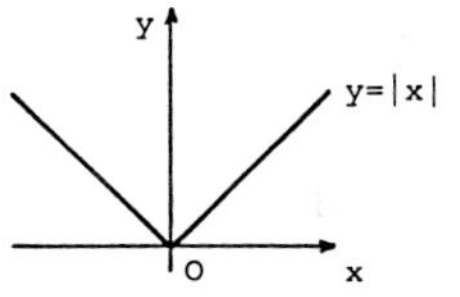

$$\lim_{x\to 0-} \frac{f(x) - f(0)}{x - 0} = \frac{|x|}{x} = -1 \ \ldots \text{ linksseitige Ableitung} \quad (x < 0)$$

$$\lim_{x\to 0+} \frac{f(x) - f(0)}{x - 0} = \frac{|x|}{x} = +1 \ \ldots \text{ rechtsseitige Ableitung} \quad (x > 0)$$

$\Rightarrow$ $f(x) = |x|$ ist an der Stelle $x_o = 0$ nicht differenzierbar.

Folgerung aus Bsp. 4.5:

Es gibt Funktionen, die stetig, aber nicht differenzierbar sind; umgekehrt sind alle differenzierbaren Funktionen stetig.

Mit Hilfe von Grenzwertbetrachtungen wie in Bsp. 4.2 ergeben sich für die Ableitungen der wichtigsten elementaren Funktionen folgende Grundformeln:

Satz 4.1: Grundformeln

a) $(k)' = 0$ — Die Ableitung einer Konstanten ist Null.

b) $(x^a)' = a\,x^{a-1}$; $a \in \mathbb{R}$ (Potenzregel)

c) $(\sin x)' = \cos x$ $\qquad (\cos x)' = -\sin x$

d) $(e^x)' = e^x$ $\qquad (\ln x)' = \frac{1}{x}$

Die Potenzregel b) ist außer für natürliche Hochzahlen auch wichtig für negative ganze Hochzahlen und für beliebige rationale Hochzahlen.

Beispiel 4.6: Anwendungen der Potenzregel

a) $y = \frac{1}{x^3} = x^{-3} \Rightarrow y' = -3x^{-4} = -\frac{3}{x^4}$

b) $y = \sqrt{x} = x^{1/2} \Rightarrow y' = \frac{1}{2}x^{-1/2} = \frac{1}{2\sqrt{x}}$

c) $y = x\cdot\sqrt[3]{x^2} = x^{5/3} \Rightarrow y' = \frac{5}{3}x^{2/3} = \frac{5}{3}\cdot\sqrt[3]{x^2}$

4.3. Tangente und Differential

Soll eine differenzierbare Funktion $f(x)$ in der Umgebung der Stelle x_0 durch eine lineare Funktion $l(x)$ angenähert werden, so kann man die Kurve ersetzen durch ihre Tangente im Punkt $P_0(x_0/y_0)$ mit $y_0 = f(x_0)$. Mit der Ableitung $f'(x_0)$ ergibt sich die Gleichung der Tangente nach der Punkt-Steigungsform:

$$\frac{y - y_0}{x - x_0} = f'(x_0) \quad \Rightarrow \quad y = l(x) = f(x_0) + f'(x_0)\cdot(x - x_0)$$

Zum Argument-Zuwachs $\Delta x = x - x_0$ gehört der Funktions-Zuwachs $\Delta y = f(x_0+\Delta x) - f(x_0)$. Für den Zuwachs längs der Tangente erhält man $l(x) - l(x_0) = l(x) - f(x_0) = f'(x_0)\cdot\Delta x$.

Definition 4.3: Differential

Unter dem Differential dy der Funktion $y = f(x)$ zum Zuwachs Δx versteht man den Zuwachs längs der Tangente (s. Skizze):

$$dy = f'(x_0)\cdot\Delta x, \quad \Delta x \text{ beliebiger Argumentzuwachs}$$

Das Differential dy wird vor allem verwendet für kleine Zuwächse Δx; statt Δx schreibt man dx und erhält

$$dy = f'(x_o) \cdot dx$$

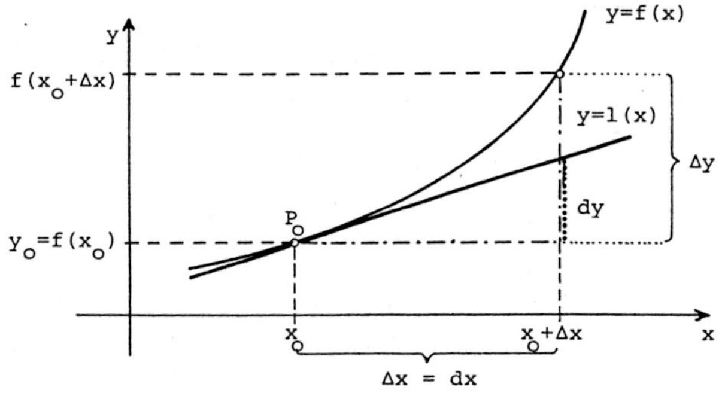

Bemerkungen:

1. Linearisierung

In den Anwendungen ersetzt man häufig komplizierte Funktionen in der Umgebung einer Stelle x_o durch die Gleichung ihrer Tangente $y = l(x)$; dieser Vorgang heißt Linearisierung und ist Grundlage vieler Näherungsbetrachtungen.

Beispiel 4.7: Linearisierung von $\sin x$ und $\cos x$ bei $x_o = 0$

a) $\sin x$: Gl. der Tangente in (0/0): $l(x) = \cos 0 \cdot x = x$

b) $\cos x$: Gl. der Tangente in (0/1): $l(x) = 1 - \sin 0 \cdot x = 1$

⇒ Für kleine Winkel x gilt näherungsweise $\sin x \approx x$, $\cos x \approx 1$

2. Auswirkung von Meßfehlern

Für kleine Zuwächse Δx unterscheiden sich Δy und dy nur wenig. Ist die Größe x mit einem möglichen Fehler Δx behaftet, so läßt sich der daraus resultierende Fehler Δy mit Hilfe des Differentials dy abschätzen. Folgende Bezeichnungen sind üblich:

absoluter Fehler $a = \Delta y \approx dy = f'(x) \cdot \Delta x$

relativer Fehler $r = \dfrac{\Delta y}{y} \approx \dfrac{dy}{y} = \dfrac{f'(x)}{f(x)} \Delta x$

prozentualer Fehler $p = r \cdot 100\%$

Der Ausdruck $\dfrac{f'(x)}{f(x)}$ wird auch als Wachstumsrate bezeichnet.

Beispiel 4.8: Fehlerfortpflanzung

a) Volumen einer Kugel: $V(r) = \frac{4}{3}\pi r^3$; $r_o = 5\text{ cm}$, $\Delta r = 0{,}05\text{ cm}$, $\Delta V = ?$

$$\Delta V \approx \frac{d}{dr}\left(\frac{4}{3}\pi r^3\right)\cdot\Delta r = 4\pi r^2\cdot\Delta r\,; \qquad \text{Zahlenwert: } \Delta V \approx 15{,}7\text{ cm}^3$$

b) Schwingungsdauer eines Fadenpendels: $T(L) = 2\pi\sqrt{L/g}$

Fadenlänge $L_o = 40\text{ cm}$, $\Delta L = 1\text{ cm}$; $g = 9{,}81\text{ m/s}^2$; proz. Fehler $p = ?$

$$\Delta T \approx \frac{dT}{dL}\Delta L = \frac{\pi}{\sqrt{gL}}\Delta L\,; \qquad p = \frac{\Delta T}{T_o}\cdot 100\% \approx \frac{\Delta L}{2L_o}\cdot 100\%$$

Zahlenwerte: $T_o = 1{,}27\text{ s}$; $\Delta T \approx 0{,}016\text{ s}$; $p \approx 1{,}25\%$

3. Differentialquotient

Aus der Definition des Differentials dy ergibt sich die Ableitung formal als Quotient der Differentiale dy und dx. Man bezeichnet deshalb die Ableitung auch als Differentialquotient:

$$dy = f'(x)\,dx \quad\Leftrightarrow\quad f'(x) = \frac{dy}{dx}$$

Die Darstellung der Ableitung als Quotient von Differentialen und das Rechnen mit Differentialen als eigenständigen Größen ist für viele Anwendungen sehr nützlich (z.B. Kettenregel → 5.1; Integration durch Substitution).

4.4. Höhere Ableitungen

Die Ableitung $y' = f'(x)$ einer differenzierbaren Funktion $y = f(x)$ kann selbst wieder eine differenzierbare Funktion sein. Man erhält so die 2. Ableitung $y'' = f''(x)$, usw.

Bezeichnungen und Schreibweisen:

$y = f(x)$	Ausgangsfunktion
$y' = f'(x) = \frac{dy}{dx} = \frac{df}{dx}$	1. Ableitung (Ableitung schlechthin)
$y'' = f''(x) = \frac{d^2y}{dx^2} = \frac{d^2f}{dx^2}$	2. Ableitung
. . . .	

Dabei entsteht die Schreibweise $\frac{d^2y}{dx^2}$ ("d-zwei-y-nach-dx-Quadrat") aus $\frac{d}{dx}\left(\frac{dy}{dx}\right)$. Höhere als 2. Ableitungen bezeichnet man entsprechend. Die n. Ableitung $(n > 3)$ kennzeichnet man statt durch n Striche auch durch in Klammern gesetzte Exponenten, z.B. $y^{(5)}$ "y-fünf-Strich" oder $y^{(n)}$ "y-n-Strich".

Beispiel 4.9: Höhere Ableitungen der Potenzfunktion $y = x^n$ ($n \in \mathbb{N}$)

$$y = x^n$$
$$y' = n\,x^{n-1}$$
$$y'' = n(n-1)\,x^{n-2}$$
$$\cdots\cdots$$
$$y^{(n-1)} = n(n-1)\cdot\ldots\cdot 2\,x$$
$$y^{(n)} = n(n-1)\cdot\ldots\cdot 2\cdot 1 = n!$$

Beispiel 4.10: Höhere Ableitungen von $y = \sin x$

$$y = \sin x \qquad y^{(4)} = \sin x$$
$$y' = \cos x \qquad y^{(5)} = \cos x$$
$$y'' = -\sin x \qquad \text{usw.} \qquad \text{z.B. } y' = y^{(5)} = y^{(9)} = y^{(13)} = \ldots = \cos x$$
$$y''' = -\cos x$$

4.5. Aufgaben

1. Gegeben sind die Potenzfunktionen mit positiven rationalen Hochzahlen $f(x) = x^{n/m}$ ($n, m \in \mathbb{N}$, $x \geq 0$).
   a) Ermitteln Sie die Steigung im Punkt P(1/1).
   b) Wie groß ist die rechtsseitige Ableitung an der Stelle $x_o = 0$? Welche Steigung ergibt sich im Punkt (0/0) für $\frac{n}{m} > 1$, welche für $0 < \frac{n}{m} < 1$?
   c) Skizzieren Sie die Schaubilder für $\frac{n}{m} = \frac{1}{3}, \frac{1}{2}, 1, \frac{3}{2}, 2$ (LE = 4 cm).

2. Bestimmen Sie die 4. Ableitung von $f(x) = \ln x$.
   Wie lautet die allgemeine Formel für die n. Ableitung von $\ln x$?

3. a) Gegeben ist die Wurzelfunktion $f(x) = \sqrt{x}$. Wie groß ist $f^{(5)}(1)$?
   b) Leiten Sie eine allgemeine Formel her für die n. Ableitung der Wurzelfunktion.

4. Wie oft sind folgende Funktionen an der Stelle x_o differenzierbar? Skizzieren Sie jeweils f, f' und f".
   a) $f(x) = x\cdot|x|$; $x_o = 0$
   b) $f(x) = \begin{cases} 0 & \text{für } x < 0 \\ x^3 & \text{für } x \geq 0 \end{cases}$ ($x_o = 0$)
   c) $f(x) = \begin{cases} x^2 & \text{für } x < 1 \\ 2x - 1 & \text{für } x \geq 1 \end{cases}$ ($x_o = 1$)
   d) $f(x) = \begin{cases} 1 - x^3 & \text{für } x < 1 \\ 3(1 - x^2) & \text{für } x \geq 1 \end{cases}$ ($x_o = 1$)

5. ABLEITUNGSREGELN

5.1. Allgemeine Regeln und Beispiele

In diesem Abschnitt werden Rechenregeln zur Differentiation von Funktionen angegeben, die durch arithmetische Verknüpfung und durch Verkettung elementarer Funktionen entstehen. Die Regeln ergeben sich aus der Definition der Ableitung und den Grenzwertsätzen. In den folgenden Sätzen wird vorausgesetzt, daß alle auftretenden Funktionen differenzierbar sind.

Satz 5.1: Allgemeine Ableitungsregeln

a) $[cf(x)]' = c\,f'(x)$ — Faktorregel

b) $[u(x) + v(x)]' = u'(x) + v'(x)$ — Summenregel

c) $[u(x)\cdot v(x)]' = u'(x)\cdot v(x) + u(x)\cdot v'(x)$ — Produktregel

d) $\left[\dfrac{u(x)}{v(x)}\right]' = \dfrac{u'(x)\cdot v(x) - u(x)\cdot v'(x)}{v^2(x)}$ — Quotientenregel

Beispiel 5.1:

a) $[ax^2 + bx + c]' = 2ax + b$

b) $[x\cdot \ln x]' = 1\cdot \ln x + x\cdot\frac{1}{x} = \ln x + 1$

c) $\left[\dfrac{x-1}{x^2}\right]' = \dfrac{1\cdot x^2 - (x-1)\cdot 2x}{x^4} = \dfrac{2-x}{x^3}$

d) $[\tan x]' = \left[\dfrac{\sin x}{\cos x}\right]' = \dfrac{\cos x\cdot\cos x - \sin x\cdot(-\sin x)}{\cos^2 x} = \dfrac{1}{\cos^2 x}$

e) $[\sin^2 x]' = [\sin x\cdot\sin x]' = 2\sin x\cos x$

Viele Funktionen sind aufgebaut durch Verkettung aus einer inneren Funktion $u(x)$ und einer äußeren Funktion $f(u)$; man schreibt dafür $y = f[u(x)]$. Derartige Funktionen lassen sich mit Hilfe einer Substitution, d.h. durch Zwischenschalten einfacherer Hilfsfunktionen differenzieren.

Beispiel 5.2: Einfach verkettete Funktion

äußere Funktion $f(u) = \cos u$
innere Funktion $u(x) = 3x + 2$
$\Rightarrow\quad y = f[u(x)] = \cos(3x+2)$

Satz 5.2: Kettenregel - Ableitung verketteter Funktionen

Die Ableitung von $y = f[u(x)]$ nach x erhält man in Differentialschreibweise in der Form

$$y'(x) = \frac{dy}{dx} = \frac{dy}{du} \cdot \frac{du}{dx} = \frac{df}{du} \cdot \frac{du}{dx}$$

(Produkt aus äußerer Ableitung $f'(u) = \frac{df}{du}$ und innerer Ableitung $u'(x) = \frac{du}{dx}$)

Beispiel 5.3:

a) $y = \cos(3x+2)$:

innere Funktion (Substitution) $u(x) = 3x + 2, \quad \frac{du}{dx} = 3$

äußere Funktion $y = f(u) = \cos u, \quad \frac{dy}{du} = -\sin u$

$$\Rightarrow \frac{dy}{dx} = \frac{dy}{du} \circ \frac{du}{dx} = (-\sin u) \cdot 3 = -3\sin(3x+2)$$

b) $y = e^{-x}$:

$$\left.\begin{array}{l} u(x) = -x, \quad \frac{du}{dx} = -1 \\ y = f(u) = e^{u}, \quad \frac{dy}{du} = e^{u} \end{array}\right\} \Rightarrow [e^{-x}]' = -e^{-x}$$

Beispiel 5.4:

a) $y = \sin(x^2)$:

$$\left.\begin{array}{l} u = x^2, \quad \frac{du}{dx} = 2x \\ y = \sin u, \quad \frac{dy}{du} = \cos u \end{array}\right\} \Rightarrow \frac{d}{dx}[\sin(x^2)] = (\cos u) \cdot 2x = 2x\cos(x^2)$$

b) $y = \sin^2 x = (\sin x)^2$:

$$\left.\begin{array}{l} u = \sin x, \quad \frac{du}{dx} = \cos x \\ y = u^2, \quad \frac{dy}{du} = 2u \end{array}\right\} \Rightarrow \frac{d}{dx}[\sin^2 x] = 2u \cdot \cos x = 2\sin x \cos x$$

Beispiel 5.5:

$y = (3x-2)^3$

$$\left.\begin{array}{l} u = 3x-2, \quad \frac{du}{dx} = 3 \\ y = u^3, \quad \frac{dy}{du} = 3u^2 \end{array}\right\} \Rightarrow \frac{dy}{dx} = 3u^2 \cdot 3 = 9(3x-2)^2$$

Man hätte zunächst auch $(3x-2)^3$ ausmultiplizieren und dann differenzieren können; mit der Kettenregel geht es aber einfacher!

Bei mehrfach verketteten Funktionen sind mehrere Substitutionen nötig. Die Kettenregel erhält man dann formal durch wiederholtes Erweitern mit den entsprechenden Differentialen:

$$\frac{d}{dx}[f\{u[v(x)]\}] = \frac{df}{du}\cdot\frac{du}{dv}\cdot\frac{dv}{dx} \qquad \text{usw.}$$

Beispiel 5.6: $y = \sqrt{\ln(x^2-1)}$

Substitutionen: $v(x) = x^2-1, \quad \frac{dv}{dx} = 2x$

$u(v) = \ln v, \quad \frac{du}{dv} = \frac{1}{v}$

$y(u) = \sqrt{u}, \quad \frac{dy}{du} = \frac{1}{2\sqrt{u}}$

$$\Rightarrow \frac{d}{dx}[\ln(x^2-1)] = \frac{dy}{du}\frac{du}{dv}\frac{dv}{dx} = \frac{1}{2\sqrt{\ln(x^2-1)}}\cdot\frac{1}{x^2-1}\cdot 2x = \frac{x}{(x^2-1)\sqrt{\ln(x^2-1)}}$$

5.2. Implizite Differentiation

Kurven können, wie in den bisherigen Beispielen, in explizíter Form durch eine Funktionsgleichung $y = f(x)$ oder in impliziter Form durch eine Gleichung $F(x,y) = 0$ gegeben sein.

z.B. Kreis um O mit Radius r

implizit: $x^2 + y^2 - r^2 = 0$

explizit: $y = \pm\sqrt{r^2 - x^2}$ (+: oberer, -: unterer Halbkreis)

Bei vielen implizit gegebenen Kurven ist eine Auflösung nach y nicht oder nur mühsam möglich. Die folgenden Beispiele zeigen, wie man auch in solchen Fällen die Ableitung berechnen kann.

Beispiel 5.7: $x^2 + y^2 - 4 = 0$; Steigung der Tangente im Punkt $P(1/\sqrt{3})$

1. Möglichkeit: Berechnung von y' in expliziter Form

$$y = \sqrt{4-x^2} \quad \text{(oberer Halbkreis)} \quad \Rightarrow \quad y' = \frac{1}{2\sqrt{4-x^2}}(-2x) = \frac{-x}{\sqrt{4-x^2}}$$

$\Rightarrow$ Steigung in P: $m_P = y'(1) = -1/\sqrt{3}$

2. Möglichkeit: Implizite Differentiation

$$\frac{d}{dx}[x^2 + y^2 - r^2] = \frac{d}{dx}(x^2) + \frac{d}{dx}[y^2(x)] - \frac{d}{dx}(r^2) = 0$$

$$\Rightarrow 2x + \frac{d}{dy}(y^2)\cdot\frac{dy}{dx} - 0 = 0 \quad \Rightarrow \quad 2x + 2y\cdot y' = 0$$

$$\Rightarrow y' = -\frac{x}{y} \; ; \quad m_P = -x_P/y_P = -1/\sqrt{3}$$

Ist eine Kurve in impliziter Form gegeben, so erhält man y' und m_P wie in Bsp. 5.7 nach folgendem Verfahren:

Methode der impliziten Differentiation

1. Schritt: Differentiation der Gleichung $F(x,y) = 0$ nach x, wobei y als Funktion von x anzusehen ist. Funktionsterme h(y) sind dabei nach der Kettenregel zu differenzieren:

$$\frac{dh(y)}{dx} = \frac{dh}{dy}\frac{dy}{dx} = \frac{dh}{dy}\,y'$$

2. Schritt: Auflösen der differenzierten Gleichung ergibt y' in Abhängigkeit von x und y: $y' = y'(x,y)$

3. Schritt: Die Steigung m_P im Kurvenpunkt $P(x_P/y_P)$ erhält man durch Einsetzen von x_P und y_P in die Gleichung für y'.

Beispiel 5.8: Winkel zwischen der Kurve mit der Gleichung $3x^3-12x+y^3+3y = 0$ und der x-Achse.

Schnitt mit $y = 0$: $3x^3-12x = 0 \Rightarrow x_1 = 0,\ x_{2,3} = \pm 2$

Implizit differenziert: $9x^2-12+3y^2 \cdot y'+3y' = 0$

$$\Rightarrow y' = \frac{4-3x^2}{1+y^2} \Rightarrow \begin{cases} S_1(0/0): & m_1 = 4 \Rightarrow \alpha_1 = 75{,}96^\circ \\ S_{2,3}(\pm 2/0): & m_{2,3} = -8 \Rightarrow \alpha_{2,3} = 97{,}13^\circ \end{cases}$$

Beispiel 5.9: $y = x^x \quad (x > 0)$

Logarithmieren: $\ln y = \ln(x^x) = x \ln x$

Differenzieren: linke Seite: $\frac{d}{dx}(\ln y) = \frac{d(\ln y)}{dy} \cdot \frac{dy}{dx} = \frac{1}{y} \cdot y'$

rechte Seite: $\frac{d}{dx}(x \ln x) = \ln x + x \cdot \frac{1}{x} = \ln x + 1$

$$\Rightarrow \frac{d}{dx}(x^x) = y' = y \cdot (\ln x + 1) = x^x \cdot (\ln x + 1)$$

Bemerkung: Die in Bsp. 5.9 angewandte Methode heißt "Differenzieren nach Logarithmieren" oder kürzer "logarithmisches Differenzieren".

5.3. Aufgaben

1. a) Zeigen Sie mit Hilfe der Produktregel:

$$[u(x)\cdot v(x)\cdot w(x)]' = u'\cdot v\cdot w + u\cdot v'\cdot w + u\cdot v\cdot w'$$

   b) Beweisen Sie die Quotientenregel mit Hilfe der Produktregel.
   Anleitung: $f(x) = \frac{u(x)}{v(x)} \iff u(x) = f(x)\cdot v(x)\;;\quad v \neq 0$

2. Zeigen Sie

$$f(x) = \sum_{i=0}^{n} a_i x^i \quad \Rightarrow \quad \begin{cases} f^{(n)}(x) = a_n\cdot n! \\ f^{(k)}(x) = 0 \quad \text{für } k > n \end{cases}$$

Bilden Sie in den folgenden Aufgaben 3 - 6 jeweils die erste Ableitung.

3. a) $f(x) = \sqrt[3]{\sqrt{x}}$ b) $s(t) = t\sqrt{t}$ c) $g(t) = \frac{t\sqrt{t^3}}{\sqrt[3]{t^2}}$

   d) $u(y) = \frac{1-y}{1+\sqrt{y}}$ e) $w(z) = \frac{z^2-2}{\sqrt[3]{z}}$ f) $h(x) = x^2\cdot\sqrt[4]{x^3}$

4. a) $y = \frac{(x-1)^2}{x}$ b) $y = \frac{x}{1+x^2}$ c) $y = \frac{x^2+1}{(x-1)^3}$

   d) $y = \frac{x^2-2x-3}{x+2}$ e) $y = \ln(1-x^2)$ f) $y = \frac{1}{x}\ln[(x-1)^2]$

   g) $y = \ln\sqrt{2x^2+1}$ h) $y = \sqrt{\ln(2x^2+1)}$ i) $y = \ln[\sin^2(x^2)]$

   k) $y = \sqrt{1+e^{2x-1}}$ l) $y = \frac{e^x - e^{-x}}{2}$ m) $y = \frac{e^x + e^{-x}}{2}$

   n) $y = \frac{1-\cos x}{\sin x}$ o) $y = (1-x^2)\sin 2x$ p) $y = \cos(2-x^2)$

   q) $y = e^{-\sin x}$ r) $y = x\sin\frac{1}{x}$ s) $y = \sin(x\ln x)$

5. a) $x(t) = a\sin(\omega t + \psi)$ b) $y(t) = a\,e^{-\delta t}\cos(\omega t + \psi)$

   c) $r(\varphi) = \cos\frac{1}{1-\varphi}$ d) $s(\varphi) = \sqrt{1+\cos\varphi}$

6. a) $f(x) = \sin(x + \sin x)$ b) $f(x) = \sin[\cos\{\tan(x)\}]$

   c) $f(x) = \ln(\tan x)$ d) $f(x) = \ln|x|$

7. Bestimmen Sie die ersten beiden Ableitungen:

   a) $f(x) = \frac{1}{(2-3x)^2}$ b) $f(x) = (ax+b)^n\;;\quad n = 2,3,\ldots$

   c) $f(x) = x\ln x$ d) $f(x) = \cot x$

Schaubilder

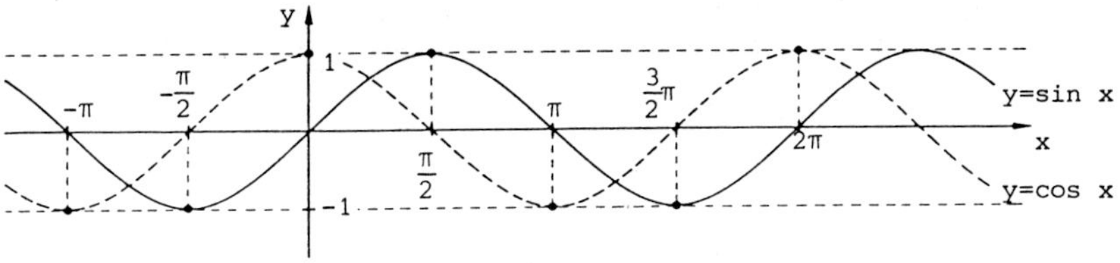

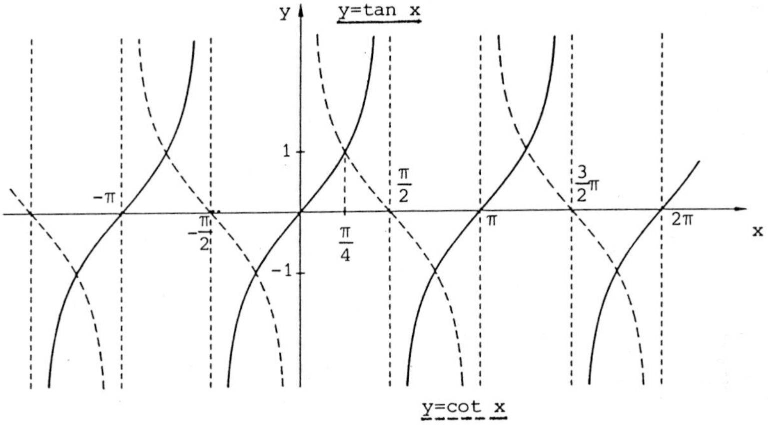

Satz 6.4: Ableitungen der trigonometrischen Funktionen

Die trigonometrischen Funktionen sind in ihrem Definitionsbereich differenzierbar:

$$(\sin x)' = \cos x \qquad (\cos x)' = -\sin x$$

$$(\tan x)' = \frac{1}{\cos^2 x} \qquad (\cot x)' = -\frac{1}{\sin^2 x}$$

6.3.2. Arcus-Funktionen

Arcus-Funktionen sind die Umkehrfunktionen der trigonometrischen Funktionen. Da jede streng monotone Funktion f auf dem jeweiligen Monotonieintervall eine (eindeutige) Umkehrfunktion f^{-1} besitzt (s. Bd.1), ist $f(x) = \sin x$ umkehrbar im Bereich $-\frac{\pi}{2} \le x \le \frac{\pi}{2}$ (dort ist sin x monoton wachsend); diese Umkehrfunktion heißt

Arcus-Sinus-Funktion:

$$y = f(x) = \sin x \iff x = f^{-1}(y) = \arcsin y$$

$$\left.\begin{array}{l}\text{Vertauschung}\\ \text{von } x \text{ und } y\end{array}\right\} \Rightarrow y = \arcsin x \quad \text{mit} \left\{\begin{array}{l} x \in [-1,\ 1] \\ y \in [-\frac{\pi}{2},\ \frac{\pi}{2}]\end{array}\right.$$

Das Schaubild von $y = \arcsin x$ erhält man durch Spiegelung des Sinuskurven-Abschnitts mit $-\frac{\pi}{2} \leq x \leq \frac{\pi}{2}$ an der 1. Winkelhalbierenden. *

Die Umkehrfunktion der cos-Funktion in ihrem Monotoniebereich $0 \leq x \leq \pi$ nennt man Arcus-Cosinus-Funktion. Entsprechend definiert man die Umkehrfunktionen von tan- und cot-Funktion. Alle wesentlichen Eigenschaften sind in der folgenden Tabelle und in den Schaubildern zusammengefaßt.

Funktion	Definitionsbereich	Wertebereich
$y = \arcsin x$	$[-1,\ +1]$	$[-\frac{\pi}{2},\ \frac{\pi}{2}]$
$y = \arccos x$	$[-1,\ +1]$	$[0,\ \pi]$
$y = \arctan x$	$\mathbb{R}$	$(-\frac{\pi}{2},\ \frac{\pi}{2})$
$y = \text{arccot}\, x$	$\mathbb{R}$	$(0,\ \pi)$

Schaubilder

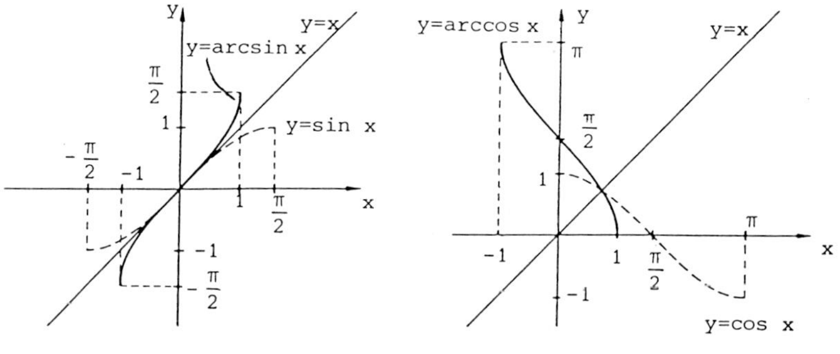

---

* Wegen der Periodizität der trigonometrischen Funktionen erhält man durch Spiegelung der vollständigen trigonometrischen Kurven an der 1. Winkelhalbierenden Bilder von "unendlich vieldeutigen Funktionen"; in dieser Betrachtungsweise, die man vor allem in älterer Literatur findet, wird der oben betrachtete Teil als Hauptwert der arc-Funktion bezeichnet und durch Arcsin (Arccos, Arctan, Arccot) besonders gekennzeichnet.

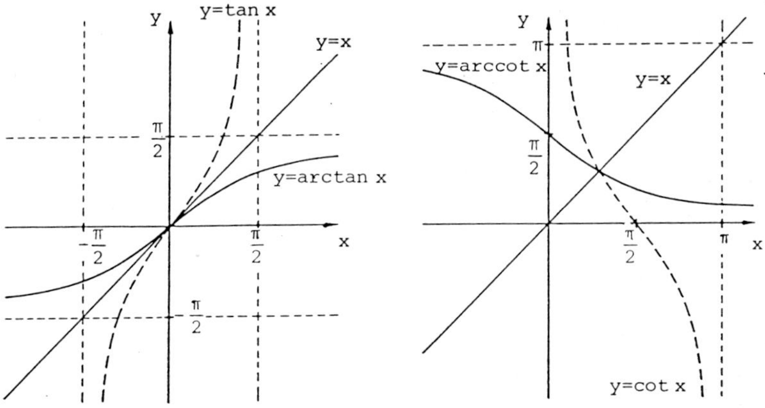

Die Ableitungen der arc-Funktionen lassen sich mittels impliziter Differentiation aus den Ableitungen der trigonometrischen Funktionen bestimmen.

Beispiel 6.1: Ableitung von arcsin x

$$y = \arcsin x \quad \Longleftrightarrow \quad x = \sin y$$

Differentiation der rechten Gleichung nach x:

$$1 = \cos y \cdot y' \quad \text{mit} \quad \cos y = \sqrt{1 - \sin^2 y} = \sqrt{1 - x^2}$$

$$\Rightarrow \quad \underline{y' = 1/\sqrt{1 - x^2}}$$

Satz 6.5: Ableitungen der Arcus-Funktionen

Die Arcus-Funktionen sind im Innern ihres Definitionsbereichs differenzierbar:

$$(\arcsin x)' = \frac{1}{\sqrt{1 - x^2}} \qquad (\arccos x)' = \frac{-1}{\sqrt{1 - x^2}} \quad *$$

$$(\arctan x)' = \frac{1}{1 + x^2} \qquad (\text{arccot}\, x)' = \frac{-1}{1 + x^2}$$

(* In der älteren Literatur gilt $+\sqrt{\ldots}$ für die Hauptwerte)

6.4. Exponential- und Logarithmus-Funktion

6.4.1. Definition und Eigenschaften von e^x und ln x

Definition 6.1:

$e = \lim_{n \to \infty} \left(1 + \frac{1}{n}\right)^n = 2{,}7182818\ldots$ Eulersche Zahl (→ 1.4)

$\log_e x = \ln x$ ... natürlicher Logarithmus

e^x ... Exponentialfunktion, e-Funktion

Eigenschaften:

$e^x \to 0$ für $x \to -\infty$

$e^x \to \infty$ für $x \to \infty$

durch (0 / 1) mit Steigung 1

$\ln x \to -\infty$ für $x \to 0+$

$\ln x \to \infty$ für $x \to \infty$

durch (1 / 0) mit Steigung 1

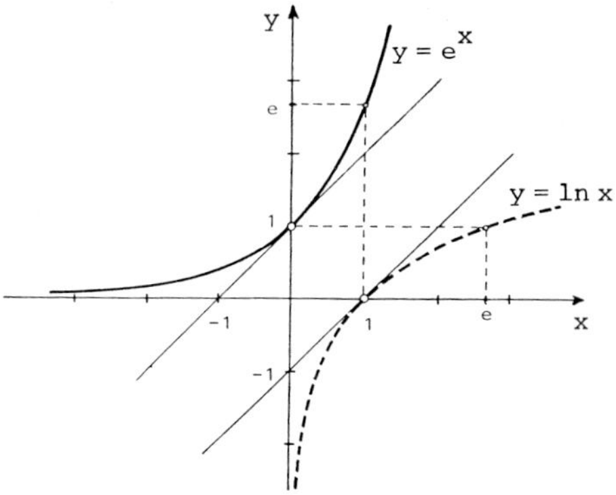

Rechenregeln für Logarithmen

$\ln(u \cdot v) = \ln u + \ln v$ $\qquad \ln(u^k) = k \cdot \ln u$

$\ln\left(\frac{u}{v}\right) = \ln u - \ln v$ $\qquad y = \ln x \iff x = e^y$

6.4.2. Allgemeine Exponential- und Logarithmusfunktion a^x und $\log_a x$

Die Eigenschaften von a^x und $\log_a x$ für beliebige Grundzahlen $a > 0$, $a \neq 1$ sind ausführlich in Bd.1 behandelt. Für praktische Zwecke lassen sich diese Funktionen zurückführen auf die speziellen Funktionen e^x und ln x:

a) Mit $a = e^{\ln a}$ ergibt sich $a^x = (e^{\ln a})^x = e^{x \cdot \ln a}$

b) $y = \log_a x \iff a^y = x$

rechte Gl. logarithmiert: $y \cdot \ln a = \ln x$ $\Big\} \Rightarrow y = \log_a x = \frac{\ln x}{\ln a}$

$$\Rightarrow \quad \left.\begin{array}{l} a^x = e^{kx} \\ \log_a x = \frac{1}{k} \ln x \end{array}\right\} \quad \text{mit} \quad \underline{k = \ln a} \left\{\begin{array}{l} \ln a > 0 \text{ für } a > 1 \\ \ln a < 0 \text{ für } 0 < a < 1 \end{array}\right.$$

Beispiel 6.2:

a) $y = 2^x = e^{x \cdot \ln 2}$

b) $y = (\frac{1}{2})^x = e^{x \cdot \ln(\frac{1}{2})} = e^{-x \cdot \ln 2}$

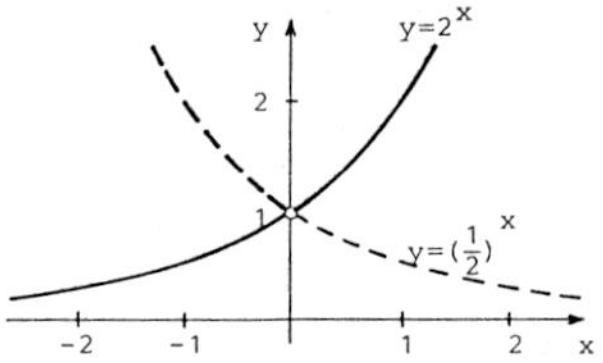

6.4.3. Ableitungen der Exponential- und Logarithmus-Funktion

Satz 6.6: Exponential- und Logarithmusfunktionen sind in ihrem Definitionsbereich differenzierbar:

$$(e^x)' = e^x \qquad (\ln x)' = \frac{1}{x}$$

$$(a^x)' = \ln a \cdot a^x \qquad (\log_a x)' = \frac{1}{\ln a} \cdot \frac{1}{x}$$

6.5. Hyperbel- und Area-Funktionen

6.5.1. Hyperbelfunktionen

Definition 6.2:

$$\sinh x = \frac{e^x - e^{-x}}{2} \qquad \cosh x = \frac{e^x + e^{-x}}{2}$$

$$\tanh x = \frac{\sinh x}{\cosh x} \qquad \coth x = \frac{\cosh x}{\sinh x}$$

("sinus hyperbolicus" usw.)

Eigenschaften: (vgl. Schaubilder)

	Def.bereich	Wertebereich	Symmetrie	Monotonie
sinh x	$\mathbb{R}$	$\mathbb{R}$	ungerade	wachsend
cosh x	$\mathbb{R}$	$[1, \infty)$	gerade	wachsend f. $x \geq 0$ fallend f. $x \leq 0$
tanh x	$\mathbb{R}$	$(-1, 1)$	ungerade	wachsend
coth x	$x \neq 0$	$(-\infty, -1) \cup (1, \infty)$	ungerade	fallend

Schaubilder:

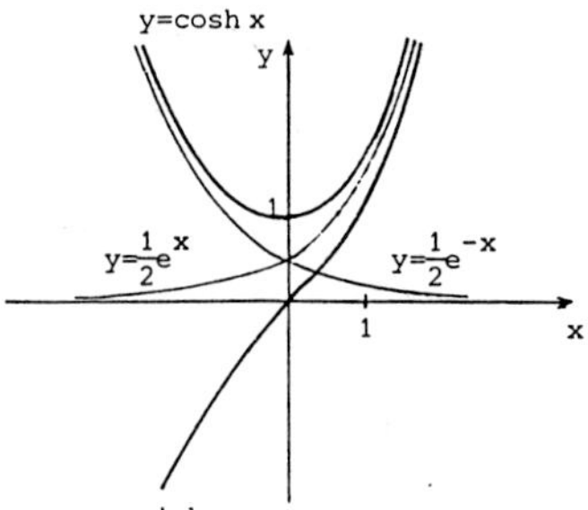

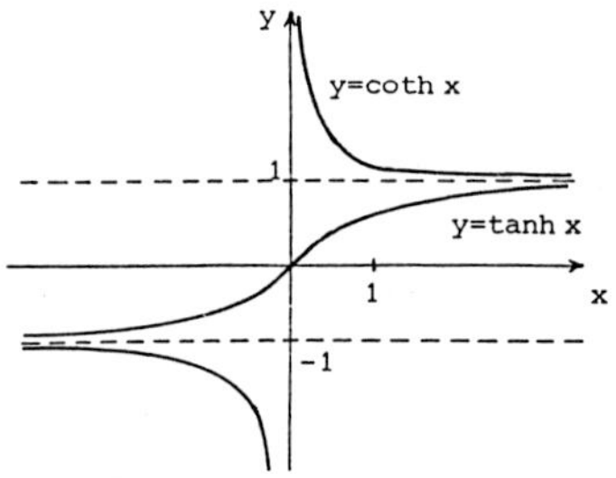

Aus der Definition der Hyperbelfunktionen ergibt sich folgendes asymptotisches Verhalten:

1. $\sinh x \approx \frac{1}{2}e^{x}$ für $x \to \infty$
   $\sinh x \approx -\frac{1}{2}e^{-x}$ für $x \to -\infty$
2. $\cosh x \approx \frac{1}{2}e^{x}$ für $x \to \infty$
   $\cosh x \approx \frac{1}{2}e^{-x}$ für $x \to -\infty$
3. $\tanh x \to 1$ für $x \to \infty$
   $\tanh x \to -1$ für $x \to -\infty$
4. $\coth x \to -\infty$ für $x \to 0-$
   $\coth x \to +\infty$ für $x \to 0+$

Satz 6.7: Ableitungen der Hyperbelfunktionen

Die Hyperbelfunktionen sind in ihrem Definitionsbereich differenzierbar:

$(\sinh x)' = \cosh x$ $\qquad$ $(\cosh x)' = \sinh x$

$(\tanh x)' = \dfrac{1}{\cosh^2 x}$ $\qquad$ $(\coth x)' = \dfrac{-1}{\sinh^2 x}$

Übung: Leiten Sie die Ableitungsformeln der Hyperbelfunktionen aus Def. 6.2 her !

Bemerkungen

1. Die Hyperbelfunktionen haben formal sehr große Ähnlichkeit mit den trigonometrischen Funktionen: Man kann jede der 4 Funktionen durch eine beliebige andere darstellen; es gelten ähnliche Additionstheoreme (→ Formelsammlungen). Wichtig ist vor allem die Beziehung:

$$\cosh^2 x - \sinh^2 x = 1$$

2. Eine an zwei Punkten aufgehängte Kette nimmt unter dem Einfluß ihres Eigengewichts die Form einer cosh-Kurve an; das Schaubild von $y = \cosh x$ heißt deshalb auch Kettenlinie.

6.5.2. Area- Funktionen

Area- Funktionen sind die Umkehrfunktionen der Hyperbelfunktionen. Unter Berücksichtigung des Monotonieverhaltens der Hyperbelfunktionen erhält man die jeweiligen Definitions- und Werte-Bereiche. Alle wesentlichen Eigenschaften sind in der folgenden Tabelle und in den Schaubildern zusammengefaßt.

Die Umkehrfunktion von $y = \sinh x$ heißt $y = \operatorname{arsinh} x$ ("area-sinus-hyperbolicus"). Entsprechend definiert man die Umkehrfunktionen der anderen Hyperbelfunktionen.

Eigenschaften: (vgl. Schaubilder)

	Def.bereich	Wertebereich	Symmetrie	Monotonie
arsinh x	$\mathbb{R}$	$\mathbb{R}$	ungerade	wachsend
arcosh x	$[1, \infty)$	$[0, \infty)$	-	wachsend
artanh x	$(-1, 1)$	$\mathbb{R}$	ungerade	wachsend
arcoth x	$(-\infty,-1) \cup (1,\infty)$	$(-\infty,0) \cup (0,\infty)$	ungerade	fallend für $x < -1$ u. $x > +1$

Schaubilder:

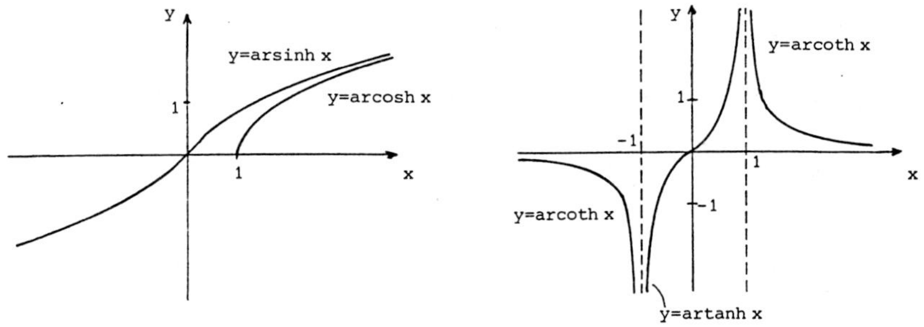

Bildet man aus den Definitionsgleichungen der Hyperbelfunktionen die jeweilige Umkehrfunktion (auflösen nach x, vertauschen von x und y), so erhält man die Darstellung der Area-Funktionen mit Hilfe der ln-Funktion.

Satz 6.8: Area-Funktionen als ln-Funktionen

$$\operatorname{arsinh} x = \ln(x + \sqrt{x^2+1}), \quad x \in \mathbb{R}$$

$$\operatorname{arcosh} x = \ln(x + \sqrt{x^2-1}), \quad 1 \le x < \infty$$

$$\operatorname{artanh} x = \frac{1}{2}\ln\frac{1+x}{1-x}, \qquad -1 < x < 1$$

$$\operatorname{arcoth} x = \frac{1}{2}\ln\frac{x+1}{x-1}, \qquad |x| > 1$$

Beispiel 6.3: arsinh x als ln - Funktion

$y = \sinh x \iff y = \frac{1}{2}(e^x - e^{-x}) \quad | \cdot 2e^x \quad \Rightarrow \quad e^{2x} - 2y\, e^x - 1 = 0$

Quadratische Gleichung für $u = e^x$ mit den Lösungen $u_{1,2} = y \pm \sqrt{y^2+1}$.

$y - \sqrt{y^2+1} < 0$ im Widerspruch zu $u = e^x > 0$; nur 1. Lösung ist sinnvoll.

$\Rightarrow \quad e^x = y + \sqrt{y^2+1} \quad \Rightarrow \quad x = \ln(y + \sqrt{y^2+1})$

Vertauschen von x und y: $y = \operatorname{arsinh} x = \ln(x + \sqrt{x^2+1})$

Übung: Leiten Sie die restlichen Gleichungen in Satz 6.8 entsprechend her!

Satz 6.9: Ableitungen der Area-Funktionen

Die Area-Funktionen sind in ihrem Definitionsbereich differenzierbar:

$$(\operatorname{arsinh} x)' = \frac{1}{\sqrt{x^2+1}} \qquad (x \in \mathbb{R})$$

$$(\operatorname{arcosh} x)' = \frac{1}{\sqrt{x^2-1}} \qquad (x > 1)$$

$$(\operatorname{artanh} x)' = \frac{1}{1-x^2} \qquad (|x| < 1)$$

$$(\operatorname{arcoth} x)' = \frac{1}{1-x^2} \qquad (|x| > 1)$$

Beispiel 6.4: Ableitung von $y = \operatorname{arsinh} x$

$y = \operatorname{arsinh} x \iff x = \sinh y$

Differentiation der letzten Gleichung nach x

$\Rightarrow \quad 1 = \cosh y \cdot y'$

Aus $\cosh^2 y - \sinh^2 y = 1$ folgt $\cosh y = \sqrt{1 + \sinh^2 y}$

$$\Rightarrow \quad y' = \frac{1}{\cosh y} = \frac{1}{\sqrt{1+\sinh^2 y}} = \frac{1}{\sqrt{1+x^2}}$$

Übung: Leiten Sie die restlichen Ableitungsformeln in Satz 6.9 entsprechend her!

7. GEOMETRISCHE BEDEUTUNG VON f'(x) UND f"(x)

7.1. Bedeutung des Vorzeichens von f' und f"

Die erste Ableitung f'(x) gibt die Steigung der Funktionskurve (= Steigung ihrer Tangente) an:

Satz 7.1: Monotonieverhalten differenzierbarer Funktionen

(7.1a) $f'(x_0) > 0 \Rightarrow \begin{cases} f(x) \text{ nimmt zu} \\ \text{Kurve steigt} \end{cases}$ in der Umgebung von x_0

(7.1b) $f'(x_0) < 0 \Rightarrow \begin{cases} f(x) \text{ nimmt ab} \\ \text{Kurve fällt} \end{cases}$ in der Umgebung von x_0

(7.1c) $f'(x_0) = 0 \Leftrightarrow$ Kurve besitzt waagrechte Tangente

Gilt (7.1a) bzw. (7.1b) für alle x in einem Intervall I, so ist f(x) streng monoton wachsend bzw. streng monoton fallend im Intervall I.

Die zweite Ableitung f"(x) gibt die Änderung der Tangentensteigung an, beschreibt also das Krümmungsverhalten der Kurve. Ist $f''(x_0) > 0$, so nimmt f'(x) in einer Umgebung von x_0 zu, die Tangentensteigung wächst; die Tangente dreht sich mit wachsendem x nach links, die Kurve besitzt Linkskrümmung. Entsprechend bedeutet $f''(x_0) < 0$ Rechtskrümmung der Kurve.

a) $f'' > 0$: Linkskurve   b) $f'' < 0$: Rechtskurve

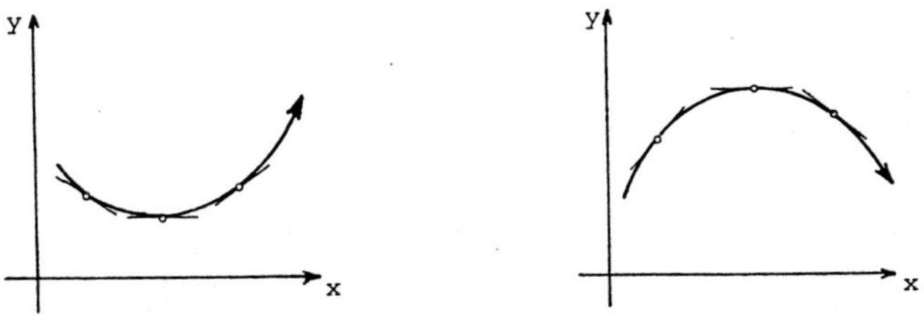

Satz 7.2: Krümmungsverhalten differenzierbarer Funktionen

(7.2a) $f''(x_0) > 0 \Rightarrow \begin{cases} f'(x) \text{ nimmt zu} \\ \text{Linkskrümmung} \end{cases}$ in der Umgebung von x_0

(7.2b) $f''(x_0) < 0 \Rightarrow \begin{cases} f'(x) \text{ nimmt ab} \\ \text{Rechtskrümmung} \end{cases}$ in der Umgebung von x_0

Gilt (7.2a) bzw. (7.2b) für alle x in einem Intervall I, so verläuft die Funktionskurve in I als Linkskurve bzw. als Rechtskurve.

Beispiel 7.1: Monotonieverhalten der Funktion $f(x) = \frac{x}{1+x^2}$

$$f'(x) = \frac{1-x^2}{(1+x^2)^2} \Rightarrow \begin{cases} f' > 0, \text{ Steigen für } 1-x^2 > 0, \text{ d.h. } -1 < x < 1 \\ f' < 0, \text{ Fallen für } 1-x^2 < 0, \text{ d.h. } |x| > 1 \\ f' = 0, \text{ waagrechte Tangente für } x_{1,2} = \pm 1 \end{cases}$$

Für die Skizze sind folgende weitere Eigenschaften nützlich:

$f(-x) = -f(x)$ ... ungerade Funktion, Kurve ist punktsymmetrisch zu O

$f(x) > 0$ für $x > 0$ und $f(x) \to 0$ für $x \to \infty$

Kurvenpunkte: (0/0); $(-1/-\frac{1}{2})$; $(1/\frac{1}{2})$

Beispiel 7.2: Monotonie und Krümmung der Funktion $f(x) = e^{-x^2/2}$

$$f'(x) = -x\,e^{-x^2/2} \Rightarrow \begin{cases} f' > 0, \text{ Steigen für } x < 0 \\ f' < 0, \text{ Fallen für } x > 0 \\ f' = 0, \text{ waagrechte Tangente für } x = 0 \end{cases}$$

$$f''(x) = (x^2-1)\,e^{-x^2/2} \Rightarrow \begin{cases} f'' > 0, \text{ Linkskurve für } |x| > 1 \\ f'' < 0, \text{ Rechtskurve für } |x| < 1 \end{cases}$$

Für die Skizze sind folgende weitere Eigenschaften nützlich:

$f(-x) = f(x)$ ... gerade Funktion, Kurve ist symmetrisch zur y-Achse

$0 < f(x) \leq 1$; $f(x) \to 0$ für $x \to \infty$; durch (0/1) mit waagrechter Tangente

Skizzen: Bsp. 7.1

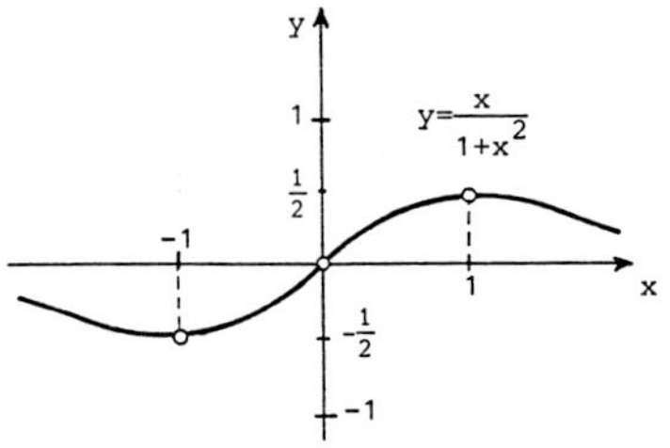

Bsp. 7.2

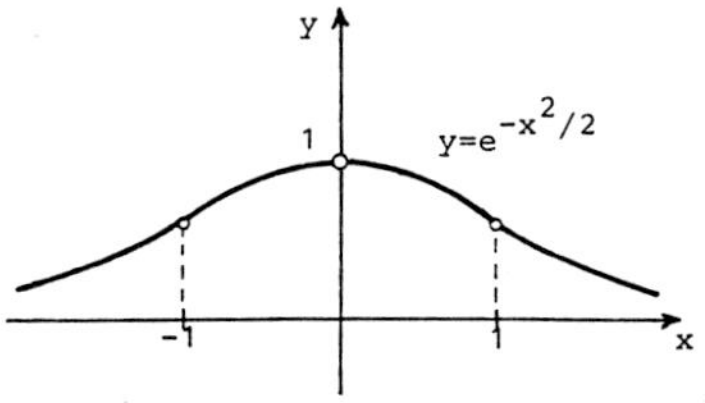

7.2. Lokale Extrema - Hochpunkte und Tiefpunkte

Eine im Intervall $I = [a, b]$ definierte Funktion f besitzt an der Stelle $x_E \in I$ ein lokales Extremum (einen relativen Extremwert), wenn der Funktionswert $f(x_E)$ maximal oder minimal ist im Vergleich zu den Funktionswerten in einer Umgebung der Stelle x_E.

Definition 7.1: Lokales Maximum (Minimum), Hochpunkt, Tiefpunkt

a) f(x) besitzt an der Stelle x_H ein lokales Maximum (relatives Maximum), wenn gilt:

$$f(x) < f(x_H) \quad \left\{ \begin{array}{l} \text{für alle } x \text{ aus einer Umgebung} \\ \text{von } x_H \text{ mit } x \neq x_H \end{array} \right.$$

Der zugehörige Kurvenpunkt $H(x_H/f(x_H))$ ist ein Hochpunkt.

b) f(x) besitzt an der Stelle x_T ein lokales Minimum (relatives Minimum), wenn gilt

$$f(x) > f(x_T) \quad \left\{ \begin{array}{l} \text{für alle } x \text{ aus einer Umgebung} \\ \text{von } x_T \text{ mit } x \neq x_T \end{array} \right.$$

Der zugehörige Kurvenpunkt $T(x_T/f(x_T))$ ist ein Tiefpunkt.

Beispiel 7.3: a) $f_1(x) = x^2$ b) $f_2(x) = |x|$

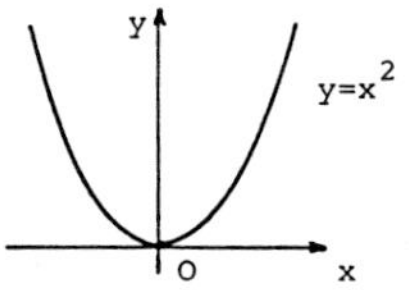

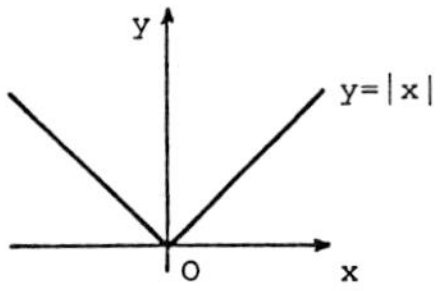

Beide Funktionen besitzen den Tiefpunkt T(0/0), da $f_1(0) = f_2(0) = 0$ und $f_1(x) > 0$ und $f_2(x) > 0$ für alle reellen $x \neq 0$.

Bedingungen für lokale Extrema bei differenzierbaren Funktionen

Bei differenzierbaren Funktionen sind Extrema im Innern des Definitionsbereichs leicht zu charakterisieren. An Extremstellen besitzt die Kurve eine waagrechte Tangente und ihr Monotonieverhalten wechselt von Steigen zu Fallen (Hochpunkt) bzw. von Fallen zu Steigen (Tiefpunkt):

Im Hochpunkt wechselt die Ableitung von positiven zu negativen Werten, im Tiefpunkt wechselt sie von negativen zu positiven Werten.

Skizze: a) Hochpunkt b) Tiefpunkt

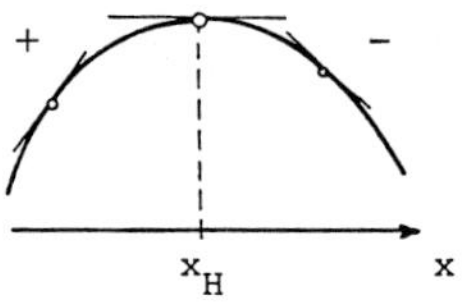

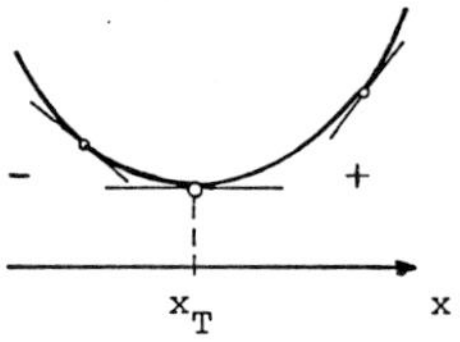

Satz 7.3: Notwendige und hinreichende Bedingung für lokale Extrema bei differenzierbaren Funktionen

$f'(x_E) = 0$ und Vorzeichenwechsel von f' $\Big\} \Longleftrightarrow$ lokales Extremum

2 Fälle:

a) Vorz.wechsel f' von + nach − / Übergang von Steigen zu Fallen $\Big\} \Longleftrightarrow$ Hochpunkt

b) Vorz.wechsel f' von − nach + / Übergang von Fallen zu Steigen $\Big\} \Longleftrightarrow$ Tiefpunkt

Die erste Ableitung f' wechselt an der Stelle x_E mit $f'(x_E) = 0$ sicher dann das Vorzeichen, wenn die Steigung der f'-Kurve, also f" an der Stelle x_E von Null verschieden ist. Es gilt daher:

Satz 7.4: Hinreichende Bedingung für Extrema

$f'(x_E) = 0$ und $f''(x_E) \neq 0 \Rightarrow$ lokales Extremum

2 Fälle:

a) $f'(x_E) = 0$ und $f''(x_E) < 0$ / waagr. Tangente, Rechtskurve $\Big\} \Rightarrow$ Hochpunkt

b) $f'(x_E) = 0$ und $f''(x_E) > 0$ / waagr. Tangente, Linkskurve $\Big\} \Rightarrow$ Tiefpunkt

Beispiel 7.4: Extrema von $f(x) = \sin x$ im Grundintervall $[0, 2\pi]$

$f(x) = \sin x$, $f'(x) = \cos x$, $f''(x) = -\sin x$

$f' = 0$: $\cos x = 0 \Rightarrow x_1 = \frac{\pi}{2}$, $x_2 = \frac{3\pi}{2}$

$x_1 = \frac{\pi}{2}$: $\{f'(\frac{\pi}{2}) = 0,\ f''(\frac{\pi}{2}) = -1 < 0\} \Rightarrow$ Hochpunkt $(\frac{\pi}{2}/1)$

$x_2 = \frac{3\pi}{2}$: $\{f'(\frac{3\pi}{2}) = 0,\ f''(\frac{3\pi}{2}) = +1 > 0\} \Rightarrow$ Tiefpunkt $(\frac{3\pi}{2}/-1)$

Beispiel 7.5: $f(x) = \dfrac{1}{1+x^2}$, $f'(x) = \dfrac{-2x}{(1+x^2)^2}$

$f' = 0$ bei $x_1 = 0 \Rightarrow$ waagrechte Tangente im Punkt (0/1)

$f' > 0$ für $x < 0$ / $f' < 0$ für $x > 0$ $\Big\} \Rightarrow$ Vorz.wechsel von f' bei $x_1 = 0$ von + nach −

$\Rightarrow$ Erg.: $f(x) = \dfrac{1}{1+x^2}$ hat den Hochpunkt (0/1)

7.3. Wendepunkte

Definition 7.2: Wendepunkt

> f(x) besitzt an der Stelle x_W einen Wendepunkt, wenn die zugehörige Kurve auf beiden Seiten von x_W unterschiedliches Krümmungsverhalten zeigt.

Nach Satz 7.2 entscheidet das Vorzeichen von f", ob eine Linkskurve oder eine Rechtskurve vorliegt; im Wendepunkt ändert sich also das Vorzeichen von f".

Satz 7.5: Notwendige und hinreichende Bedingung für Wendepunkte

> $\{ f''(x_W) = 0$ und Vorz.wechsel von $f''\} \iff$ Wendepunkt

Skizze: Krümmungsänderung im Wendepunkt

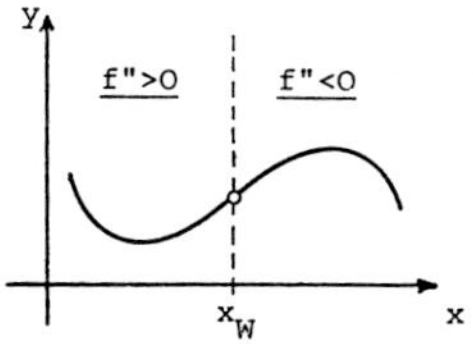

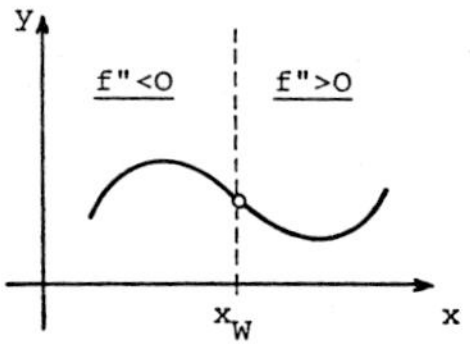

Ein Vorzeichenwechsel von f" an der Stelle x_W mit $f''(x_W) = 0$ liegt sicher dann vor, wenn die Ableitung von f", also f''' an der Stelle x_W von Null verschieden ist. Damit ergibt sich:

Satz 7.6: Hinreichende Bedingung für Wendepunkte

> $\{ f''(x_W) = 0$ und $f'''(x_W) \neq 0 \} \Rightarrow$ Wendepunkt

Beispiel 7.6: $f(x) = x^4$, $g(x) = x^5$; Verhalten bei $x_o = 0$

$f(x) = x^4$, $f'(x) = 4x^3$, $f''(x) = 12x^2$, $f'''(x) = 24x$, $f^{(4)}(x) = 24$

$g(x) = x^5$, $g'(x) = 5x^4$, $g''(x) = 20x^3$, $g'''(x) = 60x^2$, $g^{(4)}(x) = 120x$, $g^{(5)}(x) = 120$

$f'(0) = g'(0) = 0 \Rightarrow$ beide Kurven mit waagrechter Tangente durch O

Wegen $f''(0) = f'''(0) = 0$ und $g''(0) = g'''(0) = 0$ kann man die hinreichenden Kriterien Satz 7.4 und Satz 7.6 nicht anwenden. Deshalb Untersuchung der Ableitungen f' und g" auf Vorzeichenwechsel:

$f'(0) = 0$; Vorz.wechsel von $f'(x) = 4x^3$ bei $x_o = 0$ von - nach +

$\Rightarrow f(x) = x^4$ hat in (0/0) einen Tiefpunkt.

$g'(0) = g''(0) = 0$; Vorz.wechsel von $g''(x) = 20x^3$ bei $x_o = 0$ von - nach +

$\Rightarrow g(x) = x^5$ hat in (0/0) einen Wendepunkt mit waagrechter Tangente.

Auf den unter Umständen aufwendigen Wendepunkts-Nachweis mit Vorzeichenwechsel von f" bzw. mit $f''' \neq 0$ kann man häufig verzichten:

> Kennt man bereits das asymptotische Verhalten einer Kurve und ihre Extrempunkte, so genügt die notwendige Bedingung $f'' = 0$ zur Ermittlung von Wendepunkten (s. Abschnitt 9).

7.4. Ausgezeichnete Kurvenpunkte - Zusammenfassung

Das folgende Schaubild einer im abgeschlossenen Intervall [a, b] differenzierbaren Funktion enthält alle Arten von ausgezeichneten Kurvenpunkten (Extrempunkte, Wendepunkte), die bei differenzierbaren Funktionen auftreten können:

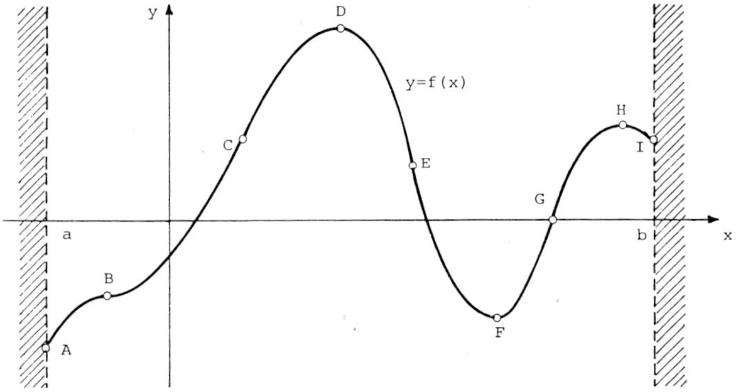

Bezeichnungen:

a) Kurvenpunkte

A, F, I ... Tiefpunkte	}	Extrempunkte
D, H ... Hochpunkte	}	Extrempunkte
B, C, E, G ... Wendepunkte		

A und I sind Tiefpunkte am Rand (Randpunkte mit der Minimumeigenschaft nach Def. 7.1 in einer einseitigen Umgebung).
D und F sind Hochpunkt bzw. Tiefpunkt im Innern des Definitionsbereichs (Punkte mit horizontaler Tangente).

B ist ein Wendepunkt mit horizontaler Tangente (Sattelpunkt).

b) Zugehörige Koordinaten

x_A, x_F, x_I ... Minimumstellen
x_D, x_H ... Maximumstellen
} Extremstellen

$f(x_A), f(x_F), f(x_I)$ ... lokale Minima
$f(x_D), f(x_H)$ ... lokale Maxima
$f(x_A), f(x_I)$ ... Randminima
} Extremwerte

In vielen Anwendungen interessiert man sich für die absoluten Extrema einer Funktion:

Definition 7.3: Absolute Extrema von f(x) in [a, b]

Die in [a, b] definierte Funktion f besitzt an der Stelle x_o ihr absolutes Maximum bzw. ihr absolutes Minimum, wenn gilt

$$\left.\begin{array}{r} f(x) \le f(x_o) \\ \text{bzw. } f(x) \ge f(x_o) \end{array}\right\} \text{ für alle } x \in [a, b]$$

Folgerungen:

1. Jede in einem abgeschlossenen Intervall I = [a, b] differenzierbare Funktion besitzt dort ein absolutes Maximum und ein absolutes Minimum.

   Das absolute Maximum ist entweder das größte lokale Maximum im Innern von I (Hochpunkt mit horizontaler Tangente) oder ein Randwert.

   Für das absolute Minimum gilt eine entsprechende Aussage.

   (Diese Aussagen sind wichtig für Extremwertaufgaben; → Abschnitt 8.1)

2. Eine Funktion kann ihr absolutes Extremum in einem abgeschlossenen Intervall auch an mehreren Stellen annehmen.

   z.B.: $f(x) = 1 + \sin x$ in $[0, 4\pi]$ $\begin{cases} f_{max} = 2 & \text{für } x_1 = \frac{\pi}{2},\ x_2 = \frac{5\pi}{2} \\ f_{min} = 0 & \text{für } x_3 = \frac{3\pi}{2},\ x_4 = \frac{7\pi}{2} \end{cases}$

8. ANWENDUNGEN DER DIFFERENTIALRECHNUNG

8.1. Extremwertaufgaben

Eine für die Praxis wichtige Anwendung findet die Differentialrechnung bei der Lösung von Extremwertaufgaben. Dabei kommt es stets darauf an, den Bestwert einer "Zielfunktion" (z.B. maximales Volumen, minimale Kosten) unter bestimmten Nebenbedingungen zu ermitteln.

Läßt sich die Zielfunktion darstellen als eine im Intervall $[a, b]$ differenzierbare Funktion $f(x)$, dann kann die Lösung mit Hilfe von Satz 3.3.d und Satz 7.3 bzw. 7.4 erfolgen.

> S. 3.3.d $\Rightarrow$ $f(x)$ nimmt auf $[a, b]$ sein absolutes Maximum und sein absolutes Minimum an
>
> S. 7.3/7.4 $\Rightarrow$ Lokale Extremwerte im Innern erhält man mit Hilfe der Ableitungen f' und f''
>
> Ein Vergleich der Randwerte $f(a)$ und $f(b)$ mit den lokalen Extremwerten im Innern von $[a, b]$ liefert den gesuchten Bestwert.

Beispiel 8.1: Von einem quadratischen Stück Pappe der Seitenlänge a werden an den Ecken Quadrate der Seitenlänge x abgeschnitten. Wie ist x zu wählen, damit der Rest eine Schachtel möglichst großen Volumens ergibt?

Lösung:

$$V(x) = (a-2x)^2 \cdot x = 4x^3 - 4ax^2 + a^2x, \quad 0 \le x \le \frac{a}{2}$$

$$V'(x) = 12x^2 - 8ax + a^2$$

$$V''(x) = 24x - 8a$$

$$V'=0: \begin{cases} x_1 = \frac{a}{6}, & V''(\frac{a}{6}) = -4a < 0 \\ x_2 = \frac{a}{2}, & V''(\frac{a}{2}) = 4a > 0 \end{cases}$$

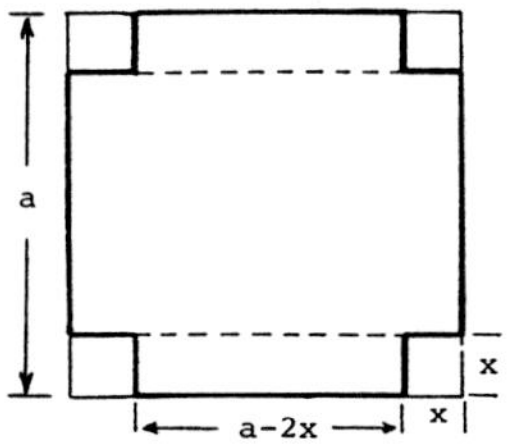

Randwerte: $V(0) = V(\frac{a}{2}) = 0$ (uninteressant)

Erg.: Für $x = \frac{a}{6}$ ergibt sich das maximale Volumen $V_{max} = \frac{2a^3}{27}$ [Volumeinheiten]

Bemerkung: Die Betrachtung von V" ist nicht unbedingt erforderlich: Bei der kubischen Parabel $V(x) = 4x^3 - 4ax^2 + a^2x$ kann zwischen den Nullstellen 0 und $\frac{a}{2}$ (doppelte Nullstelle) nur ein Maximum liegen!

Häufig erhält man die Zielfunktion zunächst in Abhängigkeit von zwei Variablen; zusätzlich benötigt man dann noch eine Nebenbedingung zwischen diesen Variablen.

Beispiel 8.2: Aus einem zylindrischen Stamm vom Durchmesser d ist ein Balken größter Tragfähigkeit T zu schneiden. Wie muß man die Seitenlängen des Rechteckquerschnitts wählen, wenn T proportional zur Breite und proportional zum Quadrat der Höhe des Balkenquerschnitts ist?

Lösung:

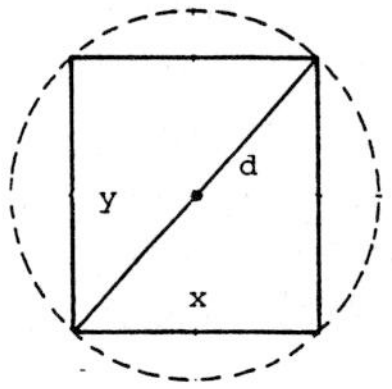

1. Wahl der Variablen: Breite x, Höhe y
2. Zielfunktion: $T(x,y) = k\,xy^2$
3. Nebenbedingung: $x^2 + y^2 = d^2$
4. Elimination von y liefert T als Funktion von x:

   $T(x) = kx(d^2 - x^2) = k(d^2x - x^3)\ , \quad 0 < x < d$

   ($T(0) = T(d) = 0$; Randwerte sind uninteressant)

5. Berechnung des Maximums von T(x):

$$\left.\begin{array}{l} T'(x) = k(d^2 - 3x^2) \overset{!}{=} 0 \\ T''(x) = -6kx \end{array}\right\} \Rightarrow \begin{array}{l} x_1 = \frac{d}{3}\sqrt{3}\ , \quad y_1 = \frac{d}{3}\sqrt{6}\ ; \quad T''(x_1) < 0 \\ x_2 = -x_1 \quad \text{außerhalb des Def.bereichs} \end{array}$$

Erg.: Der Balken größter Tragfähigkeit hat die Breite $x = \frac{d}{3}\sqrt{3}$ und die Höhe $y = \frac{d}{3}\sqrt{6}$; für diese Werte ergibt sich $T_{max} = k \cdot \frac{2}{9}\sqrt{3}\,d^3$

Bemerkung: Im 4. Schritt hätte man auch x eliminieren können; die nur von y abhängende Zielfunktion $T^*(y)$ ist aber etwas komplizierter als die Form T(x).

Beispiel 8.3: Von einer rechteckigen Glasplatte mit Seitenlängen $a = 40$ cm und $b = 30$ cm ist an einer Ecke ein Dreieck mit den Katheten $p = 12$ cm und $q = 4$ cm abgesprungen (s.Skizze). Aus dem Rest soll eine rechteckige Platte größten Flächeninhalts geschnitten werden (der rechte Winkel zwischen den unversehrten Kanten bleibt erhalten).

Lösung:

Zielfunktion: $A = x\,y$

Nebenbedingung: (s. Skizze)

R(x/y) muß auf der Geraden durch P(a-p / b) und Q(a / b-q) liegen.

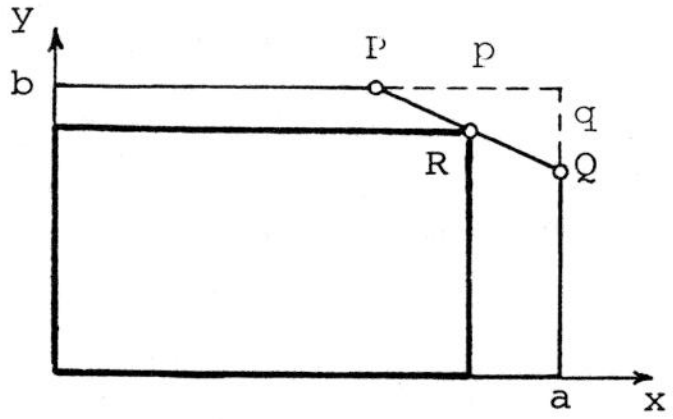

Für die gegebenen Zahlenwerte erhält man die Geradengleichung:

$$y = -\frac{1}{3}x + \frac{118}{3}$$

⇒ Zielfunktion in Abhängigkeit von x:

$$A(x) = -\frac{1}{3}x^2 + \frac{118}{3}x , \qquad 28 \le x \le 40 \quad [\text{ cm }]$$

$$A'(x) = -\frac{2}{3}x + \frac{118}{3} ; \qquad A''(x) = -\frac{2}{3}$$

$A' \overset{!}{=} 0 \quad \Rightarrow \quad x_1 = 59 \text{ cm}$ außerhalb des x-Bereichs !

Randwerte: $A_L = A(28) = 28 \cdot 30 = 840$; $A_R = A(40) = 40 \cdot 26 = 1040$ $[\text{cm}^2]$

Erg.: Der maximale Flächeninhalt ergibt sich für den Randwert $x = 40$ cm $y = 26$ cm zu $A_{max} = 1040 \text{ cm}^2$ (Randmaximum).

8.2. Das Newtonsche Iterationsverfahren

8.2.1. Problemstellung

Die Bestimmung von Nullstellen einer Funktion f, d.h. die Lösung der Gleichung $f(x) = 0$, ist nur in Sonderfällen durch explizite Formeln möglich. Für algebraische Gleichungen der Form

$$p_n(x) = a_n x^n + a_{n-1} x^{n-1} + \ldots + a_1 x + a_o = 0$$

(→ Polynom-Nullstellen) gibt es allgemeine Lösungsformeln nur für $n \le 4$; für $n = 3, 4$ sind diese Formeln aber bereits recht kompliziert. Für $n > 4$ und bei irrationalen und transzendenten Funktionen ist man auf Näherungsverfahren angewiesen. Bei diesen Näherungsverfahren wird ausgehend von einem Startwert (Rohwert) x_o eine Folge von Näherungswerten konstruiert, die unter gewissen Voraussetzungen gegen die gesuchte Nullstelle x_N konvergiert.

Den Startwert x_o bzw. ein Intervall, das die Nullstelle x_N enthält, kann man häufig leicht zeichnerisch oder mit Hilfe des Nullstellensatzes (→ Satz 3.3.c) ermitteln.

Beispiel 8.4: Startwert - Ermittlung

a) $f(x) = \cos x - x = 0$ $\quad \left.\begin{array}{l} f(0) = 1 > 0 \\ f(1) = -0{,}46 < 0 \end{array}\right\} \Rightarrow 0 < x_N < 1$

Skizze: Schnitt von $y = \cos x$ mit $y = x$ ⇒ $x_N \approx x_o = 0{,}7$

b) $f(x) = e^x - x - 2 = 0$ $\quad \left.\begin{array}{l} f(1) = e - 3 = -0{,}282 < 0 \\ f(2) = e^2 - 4 = 3{,}389 > 0 \end{array}\right\} \Rightarrow 1 < x_N < 2$

Skizze: Schnitt von $y = e^x$ mit $y = x+2$ ⇒ $x_N \approx x_o = 1{,}2$

8.2.2. Das Newton-Verfahren

Das wichtigste Verfahren zur Verbesserung eines Nullstellen-Rohwerts x_o beruht auf folgendem Prinzip ("Tangenten-Näherungs-Verfahren", s.Skizze):

(1) Die Tangente in $(x_o/f(x_o))$ schneidet die x-Achse in $(x_1/0)$

$\Rightarrow$ verbesserter Wert x_1

Wiederholung (Iteration):

(2) ... Tangente in $(x_1/f(x_1))$ ...

$\Rightarrow$ verbesserter Wert x_2

(3) ... Tangente in $(x_2/f(x_2))$ ...

$\Rightarrow$ verbesserter Wert x_3

usw

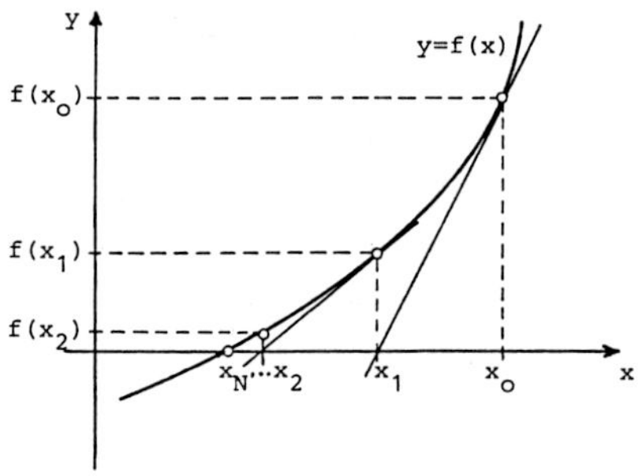

Herleitung der Iterationsvorschrift:

Gleichung der Tangente in $(x_o/f(x_o))$: $\quad y - f(x_o) = f'(x_o)(x - x_o)$

Schnitt mit $y = 0 \Rightarrow$ Gleichung für x_1: $\quad -f(x_o) = f'(x_o)(x_1 - x_o)$

$$\Rightarrow \quad x_1 = x_o - \frac{f(x_o)}{f'(x_o)}$$

Allgemein erhält man eine Folge von Näherungswerten $\{x_n\}$ durch die Rekursionsvorschrift

$$x_{n+1} = x_n - \frac{f(x_n)}{f'(x_n)} \quad ; \quad n = 0, 1, 2 \ldots$$

Die so konstruierte Folge $\{x_n\}$ konvergiert (unter gewissen Voraussetzungen) offenbar gegen die gesuchte Nullstelle x_N. Das Verfahren wird abgebrochen, wenn die geforderte Genauigkeit erreicht ist.

Satz 8.1: Newton-Verfahren zur Lösung der Gleichung $f(x) = 0$

Eine Lösung x_N der Gleichung $f(x) = 0$ erhält man nach dem Newton-Verfahren in folgenden Schritten:

1. Festlegung eines Intervalls $I = [a, b]$ mit $a < x_N < b$.
2. Wahl eines Startwerts $x_o \in I$. Berechnung der Folge $\{x_n\}$ von Näherungswerten nach der Iterationsvorschrift

$$x_{n+1} = x_n - \frac{f(x_n)}{f'(x_n)} \quad ; \quad n = 0, 1, 2, \ldots$$

3. Abbruch der Rechnung, wenn die geforderte Genauigkeit erreicht ist:

$x_N \approx x_n$, wenn a) $|x_{n+1} - x_n| < \varepsilon_1$ oder
b) $|f(x_n)| < \varepsilon_2$

(ε_1 und ε_2 sind vom jeweiligen Problem abhängige Fehlerschranken)

Beispiel 8.5: Nullstelle von $f(x) = \cos x - x$

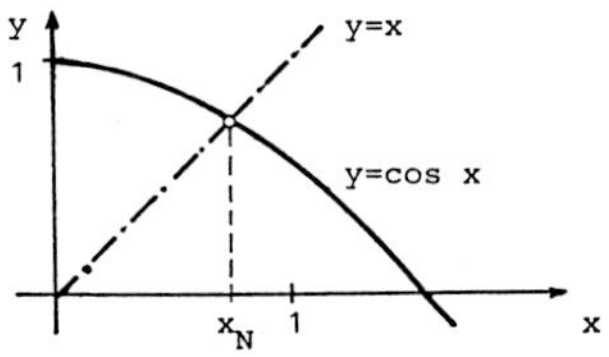

$\cos x - x = 0 \qquad x = \cos x$

Die gesuchte Nullstelle x_N ist Schnittstelle der Kurven $y = x$ und $y = \cos x$.

Skizze: Einzige Nullstelle in der Nähe von $x_o = 0{,}7$

Iterationsvorschrift: $x_{n+1} = x_n - \frac{f(x_n)}{f'(x_n)} = x_n - \frac{x_n - \cos x_n}{1 + \sin x_n}$; $n = 0, 1, \ldots$

Die folgende Tabelle enthält alle interessierenden Zwischenergebnisse des Newton-Verfahrens:

n	x_n	$x_n - x_{n-1}$	$f(x_n)$
0	0,7		0,064 842 187
1	0,739 436 498	0,039 436 498	-0,000 588 094
2	0,739 085 161	-0,000 351 337	-0,000 000 046
3	0,739 085 133	-0,000 000 027	0,000 000 000
4	0,739 085 133	0,000 000 000	0,000 000 000

Man erkennt an den beiden letzten Spalten die schnelle Konvergenz des Verfahrens.

Erg.: Die einzige Nullstelle von $f(x) = \cos x - x$ ist $x_N \approx 0{,}739\,085\,13$.

Bemerkungen:

1. An einfachen Skizzen kann man zeigen, daß das Newton-Verfahren nicht immer problemlos gegen die gesuchte Nullstelle x_N konvergiert:

   Skizze a: Es darf kein Punkt $(x_n/f(x_n))$ mit waagrechter Tangente auftreten: $f'(x_n) \neq 0$!

   Skizze b: Hat f(x) mehrere Nullstellen, so kann bei "schlechtem" Startwert x_o Konvergenz zu einer Nachbar-Nullstelle auftreten.

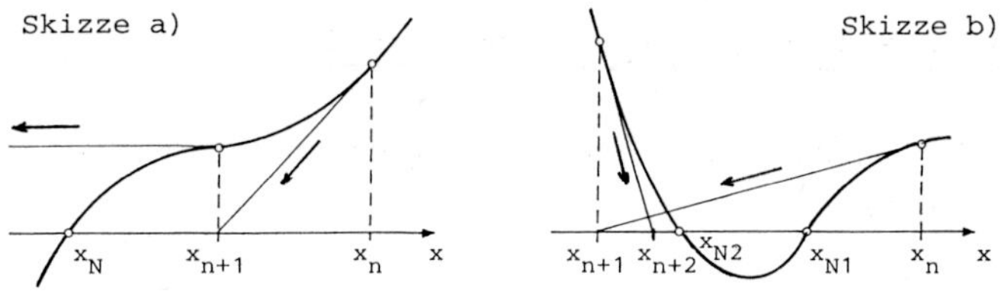

2. Die rekursive Bauart des Newton-Verfahrens, bei dem dieselbe Prozedur ständig wiederholt wird, eignet sich gut zur Programmierung. Weitere derartige Iterationsverfahren und ihr Konvergenzverhalten werden in der Numerischen Mathematik untersucht.

8.3. Unbestimmte Ausdrücke - Regel von Bernoulli - de L'Hospital

Besitzen zwei Funktionen u(x) und v(x) an der Stelle x_o eine gemeinsame Nullstelle oder eine gemeinsame Unendlichkeitsstelle, so ist $f(x) = \frac{u(x)}{v(x)}$ bei x_o nicht definiert. Formales Einsetzen von x_o liefert unbestimmte Ausdrücke:

a) $u(x_o) = v(x_o) = 0 \Rightarrow \frac{u(x)}{v(x)}$ ist bei x_o vom Typ "$\frac{0}{0}$"

b) $\left.\begin{array}{l}\lim\limits_{x\to x_o} u(x) = \pm\infty \\ \lim\limits_{x\to x_o} v(x) = \pm\infty\end{array}\right\} \Rightarrow \frac{u(x)}{v(x)}$ ist bei x_o vom Typ "$\frac{\infty}{\infty}$"

Unter gewissen Umständen kann in solchen Fällen der Grenzwert $\lim\limits_{x\to x_o} \frac{u(x)}{v(x)}$ existieren und nach folgender Regel bestimmt werden:

Satz 8.2: Regel von Bernoulli - de L'Hospital

> $\frac{u(x)}{v(x)}$ sei an der Stelle x_o vom Typ "$\frac{0}{0}$" bzw. "$\frac{\infty}{\infty}$";
> u(x) und v(x) seien differenzierbar. Dann gilt:
>
> Ist $\lim\limits_{x\to x_o} \frac{u'(x)}{v'(x)} = g$, so ist auch $\lim\limits_{x\to x_o} \frac{u(x)}{v(x)} = g$

Bemerkungen:

1. Die Aussage von Satz 8.2 gilt auch für Grenzwerte $\lim\limits_{x\to\pm\infty} \ldots$.
2. Eventuell muß das Verfahren mehrmals wiederholt werden (→ Bsp. 8.6 b).

Beispiel 8.6: Unbestimmte Ausdrücke vom Typ "$\frac{0}{0}$" und "$\frac{\infty}{\infty}$"

a) $\frac{\sin x}{x}$, $x_o = 0$; "$\frac{0}{0}$": $\lim\limits_{x\to 0} \frac{\cos x}{1} = 1 \Rightarrow \lim\limits_{x\to 0} \frac{\sin x}{x} = 1$

b) $\lim\limits_{x\to\infty} \frac{x^3}{e^x} \overset{*}{=} \lim\limits_{x\to\infty} \frac{3x^2}{e^x} \overset{*}{=} \lim\limits_{x\to\infty} \frac{6x}{e^x} \overset{*}{=} \lim\limits_{x\to\infty} \frac{6}{e^x} = 0$

*: wiederholte Anwendung der Regel von Bernoulli-de L'Hospital auf den Typ $"\frac{\infty}{\infty}"$ (jeweils von rechts nach links zu lesen !)

Verallgemeinerung: $\lim\limits_{x\to\infty} \frac{x^n}{e^x} = 0\,,\quad n \in \mathbb{N}$ $\Rightarrow$ Die e-Funktion wächst stärker als jede Potenz x^n

Weitere unbestimmte Ausdrücke

$"\infty - \infty"$, $"0\cdot\infty"$, $"0^0"$, $"1^\infty"$, $"\infty^0"$

können durch geeignete Umformungen auf die Typen $"\frac{0}{0}"$ oder $"\frac{\infty}{\infty}"$ gebracht und dann mit der Regel von Bernoulli-de L'Hospital behandelt werden:

unbestimmter Ausdruck	Umformungen
A: $\frac{1}{u(x)} - \frac{1}{v(x)}$ mit $u\to 0$, $v\to 0$ $\Rightarrow$ $"\infty - \infty"$	$\frac{1}{u(x)} - \frac{1}{v(x)} = \frac{v(x) - u(x)}{u(x)\cdot v(x)}$ $\Rightarrow$ $"\frac{0}{0}"$
B: $u(x)\cdot v(x)$ mit $u\to 0$, $v\to\infty$ $\Rightarrow$ $"0\cdot\infty"$	$u(x)\cdot v(x) = u/(1/v)$ $\Rightarrow$ $"\frac{0}{0}"$ oder $v/(1/u)$ $\Rightarrow$ $"\frac{\infty}{\infty}"$
C: $u(x)^{v(x)}$ mit 1. $u\to 0$, $v\to 0$ $\Rightarrow$ $"0^0"$ 2. $u\to 1$, $v\to\infty$ $\Rightarrow$ $"1^\infty"$ 3. $u\to\infty$, $v\to 0$ $\Rightarrow$ $"\infty^0"$	2 Schritte: 1. logarithmieren $\ln(u^v) = v\cdot\ln u \Rightarrow "0\cdot\infty"$ s. B. 2. $\lim(u^v) = \lim(e^{v\ln u}) = e^{\lim(v\ln u)}$

Beispiel 8.7: $\lim\limits_{x\to 0}(x^x)$ ($"0^0"$ s. Fall C.1)

1. Schritt: $\ln x^x = x\ln x\,;\quad \lim\limits_{x\to 0}(x\ln x) = \lim\limits_{x\to 0}\frac{\ln x}{\frac{1}{x}} = \lim\limits_{x\to 0}\frac{1/x}{-(1/x)^2} = 0$

2. Schritt: $\lim\limits_{x\to 0} x^x = e^{\lim\limits_{x\to 0}(x\ln x)} = e^0 = 1$

Erg.: $\lim\limits_{x\to 0}(x\ln x) = 0$ $\qquad$ $\lim\limits_{x\to 0}(x^x) = 1$

8.4. Aufgaben

1. Zeigen Sie:
   a) Von allen Rechtecken mit gegebenem Umfang hat das Quadrat die größte Fläche.
   b) Von allen Rechtecken mit gegebener Fläche hat das Quadrat den kleinsten Umfang.

2. Durch den Punkt $P(p/q)$ im 1. Quadranten ist gemäß Skizze eine fallende Gerade so zu legen, daß

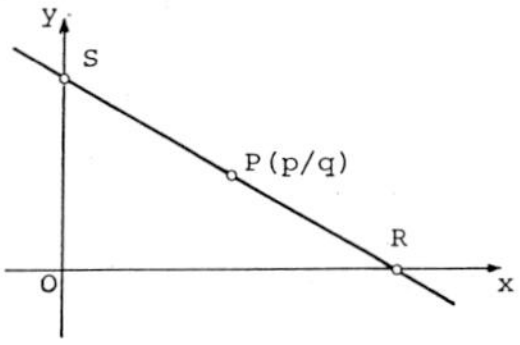

   a) die Summe der Achsenabschnitte $\overline{OR} + \overline{OS}$ minimal wird;
   b) der Flächeninhalt A des Dreiecks ORS minimal wird.

3. Ein Drahtstück der Länge a wird in 2 Teile zerschnitten, von denen eines zu einem Kreis, das andere zu einem Quadrat gebogen wird. Wie lang müssen die beiden Teilstücke sein, damit die Summe der Flächeninhalte beider Figuren möglichst klein wird?

4. Die vier Ecken eines Rechtecks mit Seiten a, b sollen durch ein möglichst kurzes Wegnetz verbunden werden (s.Skizze).

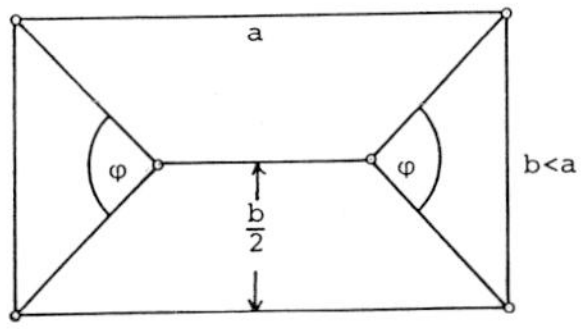

   a) Bestimmen Sie die minimale Länge L_{min} des Wegnetzes und den Winkel φ in den Knoten.
   b) Vergleichen Sie L_{min} mit der Länge des Wegnetzes längs der Rechteckseiten und längs der Rechteckdiagonalen.
   c) Bei welchem Seitenverhältnis a/b fallen die Knoten zusammen?

5. Berechnen Sie mit Hilfe des Newtonverfahrens die Nullstellen von
   a) $f(x) = x^3 + x - 6$ (→ Bsp. 3.11)
   b) $f(x) = e^x - x - 2$ (→ Bsp. 8.4)
   Geforderte Genauigkeit: 6 Stellen nach dem Komma.

6. a) Entwickeln Sie mit dem Newton-Verfahren eine Iterationsvorschrift zur Berechnung von $\sqrt{a}$, $a > 0$.
   b) Berechnen Sie damit $\sqrt{2}$ und $\sqrt{5}$; Fehlerschranke: $|x_n - x_{n-1}| < 10^{-8}$.

7. Berechnen Sie die Grenzwerte:
   a) $\lim\limits_{x\to 0} \left(\frac{1}{x} - \frac{1}{\sin x}\right)$ b) $\lim\limits_{x\to\infty} \frac{x \ln x}{x^2}$ c) $\lim\limits_{x\to 2} \frac{x^3-x^2-x-2}{x^3-3x^2+3x-2}$
   d) $\lim\limits_{x\to 1} \frac{\ln x}{x-1}$ e) $\lim\limits_{x\to 0+} (x\cdot e^{1/x^2})$ f) $\lim\limits_{n\to\infty} \left(1 + \frac{a}{n}\right)^n$

9. KURVENDISKUSSION

9.1. Problemstellung

In den Anwendungen stellt sich oft das Problem, möglichst schnell hinreichende Informationen über den funktionalen Zusammenhang zwischen zwei Größen zu gewinnen. Ziel der Kurvendiskussion ist es, für eine vorgegebene Funktion $y = f(x)$ den Verlauf der Kurve und damit das Verhalten der Funktion zu erkennen. Eine derartige Kurvendiskussion erfolgt zweckmäßigerweise in folgenden Schritten, die natürlich je nach Art der Funktion entsprechend modifiziert werden müssen:

1. Definitionsbereich, Wertebereich
2. Symmetrie der Kurve
3. Schnittpunkte mit den Achsen
4. Asymptotisches Verhalten
   (Verhalten für $|x| \to \infty$; Unendlichkeitsstellen)

   } global

5. Extrempunkte
6. Wendepunkte

   } lokal

7. Schaubild (evtl. Berechnung zusätzlicher Kurvenpunkte)

Bemerkungen:

1. Die Punkte 1. - 4. dienen zur Ermittlung des globalen Kurvenverlaufs. In 5. und 6. werden mit Hilfe der Ableitungen lokale Eigenschaften der Kurve untersucht. Die Erkenntnisse aus 1. - 4. erlauben häufig bereits sehr genaue Aussagen über die Existenz und die Art möglicher ausgezeichneter Kurvenpunkte; zur Bestimmung von Hoch- und Tiefpunkten bzw. Wendepunkten genügt dann oft die notwendige Bedingung $f'(x) = 0$ bzw. $f''(x) = 0$.
2. Eine Erweiterung der Problemstellung liegt vor, wenn ganze Familien von Funktionen untersucht werden sollen: dabei enthält die Funktionsgleichung einen oder mehrere reelle Parameter. In Abhängigkeit von diesen Parametern erhält man dann unterschiedliche Kurvenverläufe; an den grundsätzlichen Überlegungen ändert sich dadurch aber nichts.
3. Ist die zu untersuchende Funktion aus einfachen Funktionen aufgebaut oder geht sie durch leichte Änderungen der Funktionsgleichung aus bekannten Funktionen hervor, so wird man dies entsprechend berücksichtigen (→ 9.2).

9.2. Auswirkung kleiner Änderungen der Kurvengleichung

Satz 9.1: Verschiebung, Spiegelung, Streckung von Kurven

Ersetzt man $y = f(x)$ durch	so wird die Kurve
a) $y = f(x-x_o)$ (x ersetzen durch $x-x_o$)	um x_o in x-Richtung verschoben
b) $y = f(x) + y_o$ (y ersetzen durch $y-y_o$)	um y_o in y-Richtung verschoben
c) $y = -f(x)$ (y ersetzen durch $-y$)	an der x-Achse gespiegelt
d) $y = f(-x)$ (x ersetzen durch $-x$)	an der y-Achse gespiegelt
e) $x = f(y)$ (x und y vertauschen)	an der 1. Winkelhalbierenden gespiegelt
f) $y = a\,f(x)$	in y-Richtung mit dem Faktor a gestreckt
g) $y = f(bx)$	in x-Richtung mit dem Faktor $\frac{1}{b}$ gestreckt
h) $y = \lvert f(x)\rvert$	Teile oberhalb der x-Achse bleiben, Teile unterhalb der x-Achse werden an der x-Achse gespiegelt

Beispiel 9.1: $y = 2x^2 + 3x$

Umformung mit quadratischer Ergänzung:

$$y = 2x^2 + 3x = 2(x^2 + \frac{3}{2}x + \frac{9}{16}) - \frac{9}{8} = 2(x + \frac{3}{4})^2 - \frac{9}{8}$$

Die gesuchte Kurve erhält man aus der Normalparabel $y = x^2$ in folgenden Schritten:

1. $y = 2x^2$: Streckung der Normalparabel in y-Richtung mit dem Faktor 2
2. $y = 2(x + \frac{3}{4})^2$: x-Verschiebung um $-\frac{3}{4}$ (nach links)
3. $y = 2(x + \frac{3}{4})^2 - \frac{9}{8}$: y-Verschiebung um $-\frac{9}{8}$ (nach unten)

Es handelt sich um eine nach oben geöffnete Parabel mit Scheitel $(-\frac{3}{4}/-\frac{9}{8})$

Übung: Skizzieren Sie die Parabeln !

Beispiel 9.2: $y = a\sin(bx+c) = a\sin\{b(x+\frac{c}{b})\}$ $\qquad a,b,c \in \mathbb{R},\ a \neq 0,\ b > 0$

Entstehung der allgemeinen Sinuskurve $y = a\sin(bx+c)$ aus der $\sin x$-Kurve:

1. $\sin bx$: Streckung der Sinuskurve in x-Richtung mit Faktor $\frac{1}{b}$; Periode $\frac{2\pi}{b}$

2. $\sin\{b(x+\frac{c}{b})\}$: Verschiebung in x-Richtung um $-\frac{c}{b}$; Nullstelle $(-\frac{c}{b}/0)$

3. $a\sin\{b(x+\frac{c}{b})\}$: Streckung in y-Richtung mit Faktor a; Amplitude $|a|$

Übung: Skizzieren Sie das Schaubild der Funktion $y = \frac{3}{2}\sin(2x-\frac{\pi}{2}) - 1$

9.3. Kurvendiskussion ganzrationaler Funktionen

Kurvendiskussionen ganzrationaler Funktionen sind besonders einfach, da diese Funktionen in ganz $\mathbb{R}$ definiert und beliebig oft differenzierbar sind; die Ableitungen sind wieder ganzrational, bei jeder Differentiation nimmt der Grad um 1 ab.

Beispiel 9.3: Diskutieren und skizzieren Sie die Funktion $y = x^4 - 4x^2$.

1. Symmetrie: $f(-x) = f(x)$ ... gerade Funktion, symmetrisch zur y-Achse

2. Nullstellen: $x^4 - 4x^2 = x^2(x^2-4) = 0 \Rightarrow \begin{cases} x_{1,2} = 0 & \text{(doppelte Nullst.)} \\ x_{3,4} = \pm 2 \end{cases}$

3. Verhalten für große $|x|$: $f(x) \approx x^4 \Rightarrow$ Fkt. nach unten beschränkt

4. Ableitungen: $f'(x) = 4x^3 - 8x$; $\quad f''(x) = 12x^2 - 8$

   a) Extrema:

   $f' = 0$: $4x^3 - 8x = 4x(x^2-2) = 0 \Rightarrow x_5 = 0;\ x_{6,7} = \pm\sqrt{2}$

   $x_5 = 0$ mit $f''(0) = -8 < 0 \Rightarrow$ HP $(0/0)$

   $x_{6,7} = \pm\sqrt{2}$ mit $f''(\pm\sqrt{2}) = 16 > 0 \Rightarrow$ TP $(\pm\sqrt{2}/-4)$

   b) Wendepunkte: Zwischen Hochpunkt und Tiefpunkt liegt jeweils ein Wendepunkt; es reicht die notwendige Bedingung $f'' = 0$.

   $f'' = 0$: $12x^2 - 8 = 0 \Leftrightarrow x^2 = \frac{2}{3} \Leftrightarrow x_{8,9} = \pm\sqrt{\frac{2}{3}} = \pm 0{,}816$

   $\Rightarrow$ WP $(\pm\sqrt{\frac{2}{3}}/-\frac{20}{9}) = (\pm 0{,}816\ /\ -2{,}222)$

Bemerkung: Die waagrechte Tangente im Punkt (0/0) ergibt sich ohne Verwendung der Ableitung auch aus folgenden Überlegungen:

1. Doppelte Nullstelle bedeutet stets Berührung zwischen Kurve und x-Achse (Bsp. $y = x^2$).
2. Zur y-Achse symmetrische Kurven elementarer Funktionen, die an der Stelle $x_0 = 0$ differenzierbar sind, haben im Schnittpunkt mit der y-Achse waagrechte Tangente (Vorsicht bei Knickstellen; Betragsstriche !).

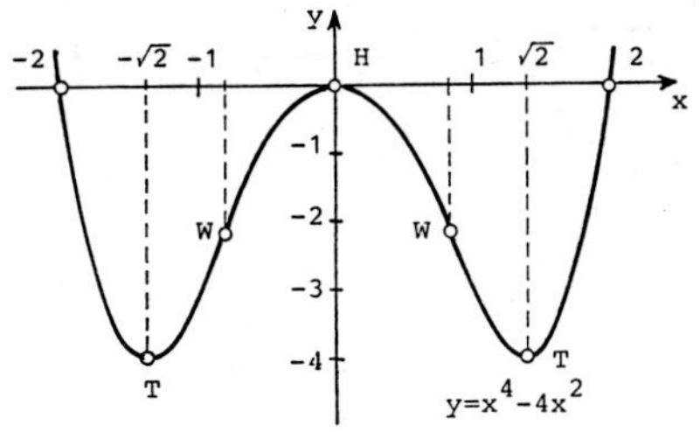

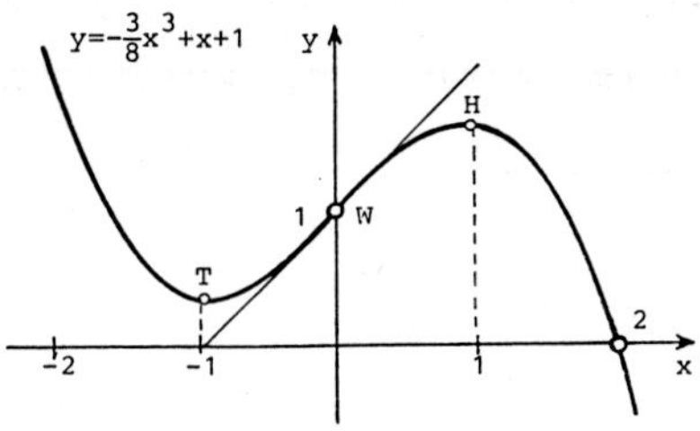

Beispiel 9.4: Bestimmen Sie die Gleichung der kubischen Parabel (ganzrationale Funktion 3. Grades), die durch P(2/0) geht und in W(0/1) einen Wendepunkt mit Steigung $m_W = 1$ besitzt.

Lösung: Man macht einen allgemeinen Ansatz mit unbestimmten Koeffizienten und bestimmt diese aus den gegebenen Bedingungen:

Ansatz: $y = ax^3 + bx^2 + cx + d$; $y' = 3ax^2 + 2bx + c$; $y'' = 6ax + 2b$

Bedingungen für die Koeffizienten:

1. Punktprobe für P(2/0): $8a + 4b + 2c + d = 0$
2. Punktprobe für W(0/1): $d = 1$
3. WP-Bedingung $y''(0) = 0$: $2b = 0$
4. WP-Tangente $y'(0) = 1$: $c = 1$

$\Rightarrow$ $b = 0$, $c = 1$, $d = 1$, $a = -\frac{3}{8}$

Erg.: $y = -\frac{3}{8}x^3 + x + 1$ (Skizze s.o.; Punktsymmetrie zu W(0/1))

Beispiel 9.5: Gegeben ist eine Schar ganzrationaler Funktionen 3. Grades durch die Gleichung $y = tx^3 + ax^2 + bx$; $a, b, t \in \mathbb{R}$, $t \neq 0$.

a) Für welche Werte von a und b in Abhängigkeit von t besitzen die Kurven bei $x_1 = 1$ eine waagrechte Tangente und bei $x_2 = 2$ einen Wendepunkt?

b) Bestimmen Sie t so, daß die Wendetangente durch P(4/-2) geht.

c) Skizzieren Sie die zugehörige Kurve.

Lösung: $y = tx^3 + ax^2 + bx$; $y' = 3tx^2 + 2ax + b$; $y'' = 6tx + 2a$

a) Bedingungen für a und b:

$y'(1) = 0$: $3t + 2a + b = 0$

$y''(2) = 0$: $12t + 2a = 0$

$\Rightarrow$ $a = -6t$, $b = 9t$

$\Rightarrow$ Zwischenergebnis: $y = f_t(x) = tx^3 - 6tx^2 + 9tx$

b) Gleichung der Wendetangente: $\frac{y - y_W}{x - x_W} = f'(x_W)$

mit: $x_W = 2$, $y_W = f_t(2) = 8t - 24t + 18t = 2t$

$f'(x_W) = f_t'(2) = 12t - 24t + 9t = -3t$

$\Rightarrow$ $y - 2t = -3t(x - 2)$

Punktprobe für T(4/-2): $-2 - 2t = -3t \cdot 2$ $\Rightarrow$ $t = \frac{1}{2}$

$\Rightarrow$ Ergebnis: $y = \frac{1}{2}x^3 - 3x^2 + \frac{9}{2}x = \frac{1}{2}x(x - 3)^2$

c) Wichtige Punkte für die Skizze:

Nullstellen: $N_1(0/0)$; $y_1' = 4{,}5$

$N_2(3/0)$; $y_2' = 0$

Extrema: HP(1/2)

TP(3/0) = N_2

Wendepunkt: WP(2/1); $y_W' = -1{,}5$

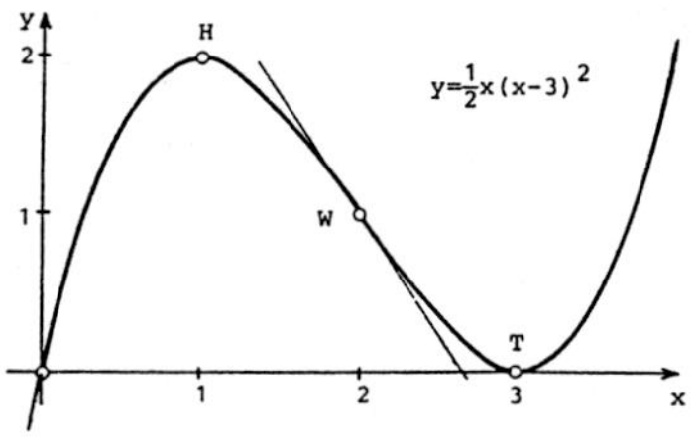

9.4. Kurvendiskussion gebrochenrationaler Funktionen

Gebrochenrationale Funktionen sind außer an ihren Nennernullstellen überall definiert und beliebig oft differenzierbar. Die Definitionslücken sind entweder Pole (Unendlichkeitsstellen) oder hebbare Unstetigkeitsstellen (durch Kürzen der entsprechenden gemeinsamen Linearfaktoren von Zähler und Nenner erhält man die stetig ergänzte "Ersatzfunktion"). Man beginnt die Untersuchung gebrochenrationaler Funktionen also zweckmäßig mit einer Analyse der Nenner-Nullstellen.

Unecht gebrochenrationale Funktionen stellt man durch Polynomdivision dar als Summe aus ganzrationaler Funktion und echt gebrochenrationaler Funktion. Da jede echt gebrochenrationale Funktion $\to 0$ geht für $|x| \to \infty$, beschreibt der ganzrationale Summand das asymptotische Verhalten der Funktion für $|x| \to \infty$.

Beispiel 9.6: Diskutieren und skizzieren Sie die Funktion $y = f(x) = \dfrac{1}{1+x^2}$

Definiert für alle $x \in \mathbb{R}$ (keine Nenner-Nullstellen)

Gerade Funktion: symmetrisch zur y-Achse

$1 + x^2 \geq 1 \;\Rightarrow\; 0 < f(x) \leq 1$ (keine Nullstelle)

$f(x) \to 0$ für $|x| \to \infty$

$\Rightarrow$ Aufgrund dieser globalen Eigenschaften der Funktion sind ein Hochpunkt HP(0/1) und zwei Wendepunkte zu erwarten ! Nachweis über $f' = 0$ und $f'' = 0$:

$$f'(x) = \frac{-2x}{(1+x^2)^2}$$

$$f''(x) = \frac{6x^2-2}{(1+x^2)^3} \qquad \text{(Übung !)}$$

$f' = 0$: $x_1 = 0$; $f''(0) < 0 \;\Rightarrow\;$ HP(0/1)

$f'' = 0$: $x_{2,3} = \pm\sqrt{\frac{1}{3}} = \pm 0{,}577$

$\Rightarrow$ WP$(\pm\sqrt{\frac{1}{3}}\,/\,\frac{3}{4}) = (\pm 0{,}577\,/\,0{,}75)$

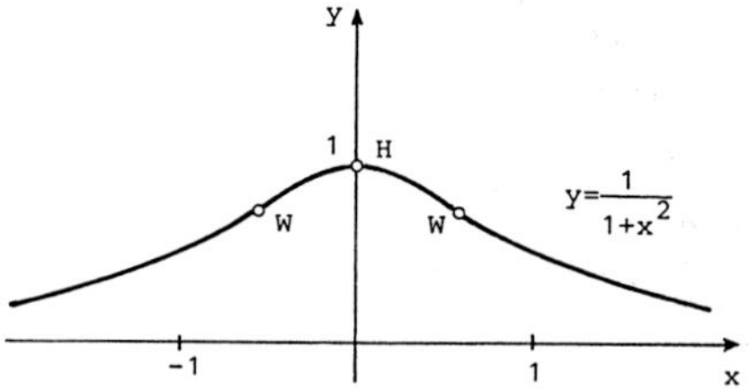

Beispiel 9.7: $y = f(x) = \frac{x^3}{x^2 - 1} = x + \frac{x}{x^2 - 1}$

$f(-x) = -f(x)$ ... ungerade Funktion: punktsymmetrisch zu (0/0)

Nullstelle $x^3 = 0 \Rightarrow x_1 = 0$, dreifach: Wendepunkt mit waagrechter Tangente

Nenner-Nullstellen: $x_{2,3} = \pm 1$, einfach: Pole mit Vorzeichenwechsel

$\frac{x}{x^2 - 1} \to 0$ für $|x| \to \infty$: schiefe Asymptote $y = x$

Annäherung an senkrechte Asymptoten:

$$\lim_{x \to 1+} \frac{x^3}{x^2 - 1} = +\infty \quad (\text{da } f(x) > 0 \text{ für } x > 1)$$

$$\lim_{x \to 1-} \frac{x^3}{x^2 - 1} = -\infty \quad (\text{da einfache Nenner-Nullstelle: VZW})$$

Entsprechend bei $x_3 = -1$ wegen Punktsymmetrie.

Annäherung an die Asymptote $y = x$:

$\frac{x}{x^2 - 1} > 0$ für $x > 1$

$\Rightarrow$ Annäherung nach rechts von oben

Entsprechend: nach links von unten

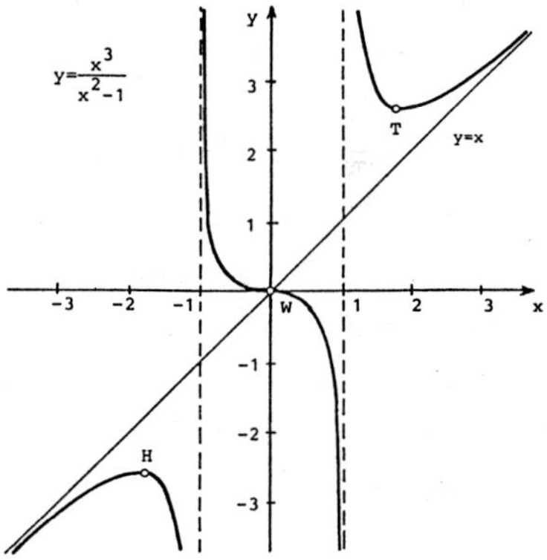

Extrema und Wendepunkte:

(zu erwarten: TP für $x > 1$,

HP für $x < -1$, WP(0/0))

$f'(x) = \frac{x^2(x^2-3)}{(x^2-1)^2}$; $f''(x) = \frac{2x(x^2+3)}{(x^2-1)^3}$

f' = 0: $x_4 = x_1 = 0$; $f''(0) = 0$

$\Rightarrow$ WP(0/0) mit waagrechter Tangente

$$x_{5,6} = \pm\sqrt{3} \quad \begin{cases} f''(+\sqrt{3}) > 0 & \Rightarrow \text{TP}(+\sqrt{3} / \frac{3}{2}\sqrt{3}) = (1{,}732 / 2{,}598) \\ f''(-\sqrt{3}) < 0 & \Rightarrow \text{HP}(-\sqrt{3} / -\frac{3}{2}\sqrt{3}) = (-1{,}732 / -2{,}598) \end{cases}$$

f'' = 0: $x_7 = x_1 = 0$; Vorzeichenwechsel von f'' $\Rightarrow$ WP(0/0) s.o.

Beispiel 9.8: $y = f(x) = \frac{x^4 + 1}{x^2} = x^2 + \frac{1}{x^2}$

$f(-x) = f(x)$ ... gerade Funktion: symmetrisch zur y-Achse

Keine Nullstelle, $f(x) > 0$

Doppelte Nenner-Nullstelle $x_1 = 0$: y-Achse ist senkrechte Asymptote, Pol ohne Vorzeichenwechsel

Asymptotische Näherungskurve $y = x^2$: Wegen $1/x^2 > 0$ Annäherung nach beiden Seiten von oben

$\Rightarrow$ Vermutung: Es gibt zwei Tiefpunkte und keinen Wendepunkt

$$f'(x) = 2\left(x - \frac{1}{x^3}\right) = 2\,\frac{x^4 - 1}{x^3}$$

$$f''(x) = 2\left(1 + \frac{3}{x^4}\right) = 2\,\frac{x^4 + 3}{x^4}$$

<u>$f' = 0$:</u> $x_{2,3} = \pm 1$; $f''(\pm 1) = 8 > 0$

$\Rightarrow$ TP$(\pm 1 / 2)$

<u>$f'' = 0$:</u> f'' hat keine Nullstellen

$\Rightarrow$ Kurve hat keine Wendepunkte

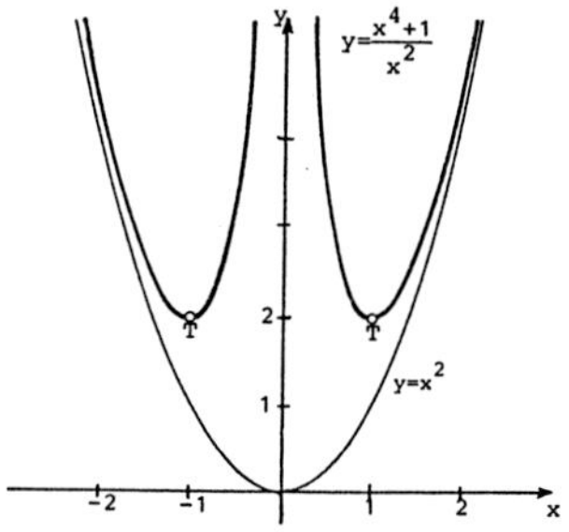

Bei etwas komplizierteren Funktionen empfiehlt es sich, Teilergebnisse der Untersuchung (Symmetrie, Nullstellen, Asymptoten) zu einer <u>Gebietseinteilung</u> zu verwenden: Dabei versucht man, möglichst viele Bereiche der x,y-Ebene abzustreichen, in denen (z.B. nach dem Vorzeichenverhalten von f(x)) keine Kurvenpunkte liegen können. In Bsp.9.8 kann man etwa aus der Darstellung $y = x^2 + \frac{1}{x^2}$ sofort schließen, daß die Kurve vollständig innerhalb der Normalparabel $y = x^2$ verläuft. In Bsp. 9.9 wird eine solche Gebietseinteilung ausführlich dargestellt.

<u>Beispiel 9.9:</u> <u>$y = f(x) = \frac{x^2 - x}{x^2 - x - 6}$</u> <u>Gebietseinteilung, Skizze</u>

Mit Hilfe der Nullstellen von Zähler und Nenner erhält man die <u>Faktorzerlegung</u> von f(x):

$$f(x) = \frac{x(x-1)}{(x-3)(x+2)} \qquad (*)$$

Abspaltung des Asymptotenterms (<u>Polynomdivision</u>) liefert die Darstellung:

$$f(x) = 1 + \frac{6}{(x-3)(x+2)} \qquad (**)$$

In der <u>Skizze</u> trägt man ein:

1. <u>Asymptoten</u>:

   $x = -2$, $x = 3$ (einfache Pole)

   $y = 1$ (waagrechte Asympt.)

2. Parallelen zur y-Achse durch die <u>Nullstellen</u> von f(x):

   $x = 0$, $x = 1$ (einfache Nullst.)

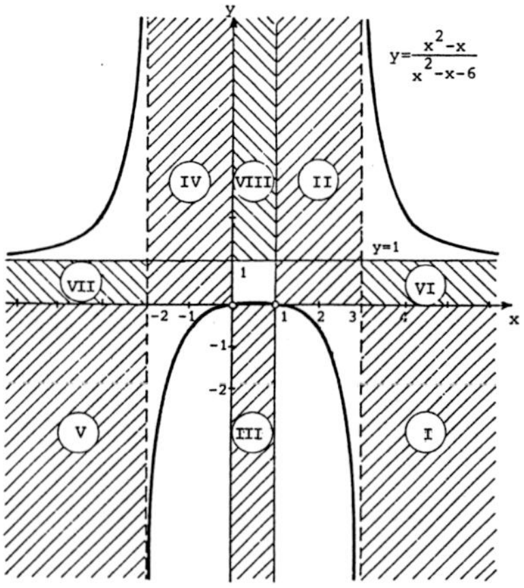

Beim Überschreiten der x-Stellen -2, 0, 1, 3 ändert jeweils einer der Faktoren in der Funktionsgleichung (*) das Vorzeichen, d.h. an diesen Stellen ändert f(x) das Vorzeichen. Damit folgt weiter:

$f(x) > 0$ für $x > 3$ (alle Faktoren in (*) sind positiv)

⇒ Bereiche I, II, III, IV, V ohne Kurvenpunkte (s.Skizze)

Aus der Darstellung (**) erhält man eine weitere Einschränkung:

$\left.\begin{array}{l} \frac{6}{(x-3)(x+2)} > 0 \text{ für } x > 3 \text{ oder } x < -2 \\ \text{d.h. } f(x) > 1 \text{ für } x > 3 \text{ oder } x < -2 \end{array}\right\}$ ⇒ keine Punkte in VI, VII

Entsprechend: $f(x) < 1$ für $-2 < x < 3$ ⇒ keine Punkte in VIII

Mit den Ergebnissen dieser Gebietseinteilung ist der Verlauf der Kurve im wesentlichen bereits bekannt.

Aus der Bedingung $f' = 0$ erhält man noch den Hochpunkt $HP(\frac{1}{2} / \frac{1}{25})$

Bemerkung: Die Kurve ist symmetrisch zur Achse $x = \frac{1}{2}$.

9.5. Kurvendiskussion transzendenter Funktionen

Beispiel 9.10: $y = f(x) = \sin 2x + 2\cos x$

$\left.\begin{array}{l} f_1 = \sin 2x \text{ hat die Periode } \pi \\ f_2 = 2\cos x \text{ hat die Periode } 2\pi \end{array}\right\} \Rightarrow \left\{\begin{array}{l} f = f_1 + f_2 \text{ hat die Periode } 2\pi \\ \text{(kleinstes gemeinsames Vielfaches)} \end{array}\right.$

⇒ Es genügt die Untersuchung im Intervall $[0, 2\pi]$

Nullstellen:

$f(x) = \sin 2x + 2\cos x = 0 \iff 2\cos x \cdot (\sin x + 1) = 0$

$\left.\begin{array}{l} 1.\ \cos x = 0 \Rightarrow x_{N1} = \frac{\pi}{2},\ x_{N2} = \frac{3\pi}{2} \\ 2.\ \sin x = -1 \Rightarrow x_{N3} = x_{N2} = \frac{3\pi}{2} \end{array}\right\} \Rightarrow N_1(\frac{\pi}{2} / 0),\ N_2(\frac{3\pi}{2} / 0)$

Schnittpunkt mit der y-Achse: $(0 / 2)$

Ableitungen: $f'(x) = 2\cos 2x - 2\sin x$; $f''(x) = -4\sin 2x - 2\cos x$

Extremwerte:

$f'(x) = 2\cos 2x - 2\sin x = 0 \iff 2(2\sin^2 x + \sin x - 1) = 0$

$\iff (\sin x)_{1,2} = \{\frac{1}{2} ; -1\}$

$1.\ \sin x = \frac{1}{2} \Rightarrow \left\{\begin{array}{l} x_{E1} = \frac{\pi}{6},\ f''(\frac{\pi}{6}) < 0 \Rightarrow HP(\frac{\pi}{6} / \frac{3}{2}\sqrt{3}) \\ x_{E2} = \frac{5\pi}{6},\ f''(\frac{5\pi}{6}) > 0 \Rightarrow TP(\frac{5\pi}{6} / -\frac{3}{2}\sqrt{3}) \end{array}\right.$

$2.\ \sin x = -1 \Rightarrow x_{E3} = x_{N2} = \frac{3\pi}{2}$, $f''(\frac{3\pi}{2}) = 0$; Vorz.wechsel von f"

⇒ $(\frac{3\pi}{2} / 0)$ ist WP mit waagrechter Tangente (Sattelpunkt)

Wendepunkte:

$f''(x) = -4\sin 2x - 2\cos x = 0 \iff -2\cos x \cdot (4\sin x + 1) = 0$

1. $\cos x = 0 \Rightarrow x_{W1} = x_{N1} = \frac{\pi}{2}$; $x_{W2} = x_{N2} = \frac{3\pi}{2}$

$\Rightarrow WP_1(\frac{\pi}{2}/0)$; $WP_2(\frac{3\pi}{2}/0)$ = Sattelpunkt (s.o.)

2. $\sin x = -\frac{1}{4} \Rightarrow x_{W3} = 3{,}39$; $x_{W4} = 6{,}03 \Rightarrow WP_3(3{,}39/-1{,}45)$; $WP_4(6{,}03/1{,}45)$

Schaubild:

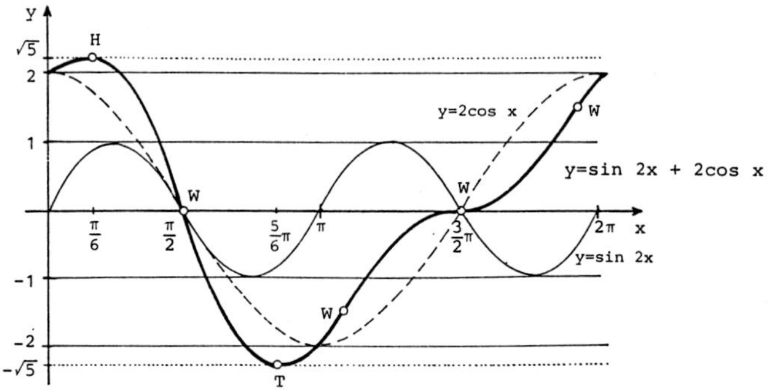

Bemerkung: Bei Kurvendiskussionen trigonometrischer Funktionen bereitet die Lösung der trigonometrischen Gleichungen ($f = 0$, $f' = 0$, $f'' = 0$) häufig Schwierigkeiten. Ausführliche Beispiele zur Lösung trigonometrischer Gleichungen und weiteres Übungsmaterial findet man z.B. in Band 1.

Beispiel 9.11: $y = f(x) = (1+x)\,e^{-2x}$

Definiert für alle $x \in \mathbb{R}$; Nullstelle $N(-1/0)$; durch $P_y(0/1)$

$(1+x)e^{-2x} \to -\infty$ für $x \to -\infty$

$(1+x)e^{-2x} \to 0+$ für $x \to +\infty$

(Regel von Bernoulli-de L'Hospital)

$f'(x) = -e^{-2x}(1+2x)$; $f''(x) = 4x\,e^{-2x}$

$f' \overset{!}{=} 0 \Rightarrow x_E = -\frac{1}{2}$, $f''(-\frac{1}{2}) = -2e < 0$

$\Rightarrow HP(-\frac{1}{2}/\frac{e}{2})$

$f'' \overset{!}{=} 0 \Rightarrow x_W = 0$, Vorz.wechsel von f''

$\Rightarrow WP(0/1)$

Zusätzlich: $f'(-1) = e^2$; $f'(0) = -1$

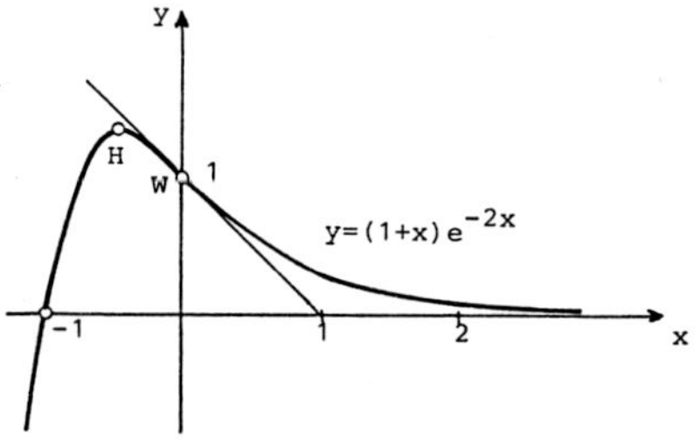

Beispiel 9.12: Gegeben ist eine Kurvenschar durch die Funktionen

$$f_t(x) = \frac{1}{2}(e^x - t \cdot e^{-x}), \quad t \in \mathbb{R}$$

a) Untersuchen Sie das asymptotische Verhalten von $f_t(x)$ und bestimmen Sie Nullstellen, Extrema und Wendepunkte der zugehörigen Kurven.

b) Auf welcher Kurve liegen die Extrema der Scharkurven?

c) Skizzieren Sie die Kurven für $t = -1, -\frac{1}{5}, 0, \frac{1}{5}, 1$.

Lösung:

a) $\lim\limits_{x \to +\infty} f_t(x) = \infty$ für alle $t \in \mathbb{R}$; $\lim\limits_{x \to -\infty} f_t(x) = \begin{cases} +\infty & \text{für } t < 0 \\ 0 & \text{für } t = 0 \\ -\infty & \text{für } t > 0 \end{cases}$

$f_t \stackrel{!}{=} 0$: $\frac{1}{2}(e^x - te^{-x}) = 0 \iff e^{2x} - t = 0 \iff x_N = \frac{1}{2}\ln t$ (nur für $t > 0$!)

$f_t' \stackrel{!}{=} 0$: $\frac{1}{2}(e^x + te^{-x}) = 0 \iff e^{2x} + t = 0 \iff x_E = \frac{1}{2}\ln(-t)$
Vorzeichenwechsel von f_t' bei x_E von - nach +

$\Rightarrow$ TP $\left(\frac{1}{2}\ln(-t) / \sqrt{-t}\right)$ (nur für $t < 0$!)

$f_t'' \stackrel{!}{=} 0$: $\frac{1}{2}(e^x - te^{-x}) = 0 \iff x_W = x_N = \frac{1}{2}\ln t$ (nur für $t > 0$!)

	Nullstelle	Tiefpunkt	Wendepunkt	Verhalten für $x \to -\infty$	Verhalten für $x \to +\infty$
$t > 0$	$(\frac{1}{2}\ln t / 0)$	-	$(\frac{1}{2}\ln t / 0)$	$\to -\infty$	$\to +\infty$
$t = 0$	-	-	-	$\to 0$	$\to +\infty$
$t < 0$	-	$(\frac{1}{2}\ln(-t) / \sqrt{-t})$	-	$\to +\infty$	$\to +\infty$

b) Geometrischer Ort der Kurventiefpunkte ($t < 0$):

$x_E = \frac{1}{2}\ln(-t) = \ln\sqrt{-t}$
$y_E = \sqrt{-t}$

t eliminieren $\Rightarrow$ $y = e^x$

c) Skizze

$t = -1$: $y = \cosh x$, TP (0/1)

$t = -\frac{1}{5}$: TP (-0,805 / 0,447)
durch (0 / 0,6)

$t = 0$: $y = \frac{1}{2}e^x$

$t = \frac{1}{5}$: WP (-0,805 / 0)
$y_W' = 0{,}447$
durch (0 / 0,4)

$t = 1$: $y = \sinh x$, WP (0 / 0)
$y_W' = 1$

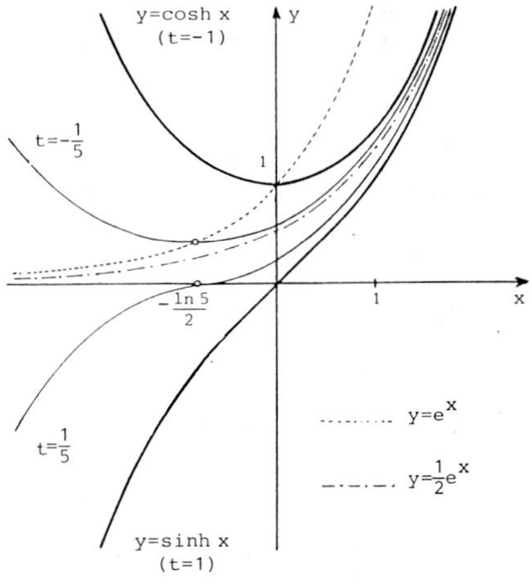

Beispiel 9.13: $y = f(x) = \ln^2 x - \ln x$

Definiert für alle $x > 0$

$$f'(x) = \frac{1}{x}(2\ln x - 1); \qquad f''(x) = \frac{3 - 2\ln x}{x^2}$$

$f \stackrel{!}{=} 0$: $\ln x \cdot (\ln x - 1) = 0 \Rightarrow x_{N1} = 1, \quad x_{N2} = e$

$f' \stackrel{!}{=} 0$: $2\ln x - 1 = 0$

$\Rightarrow x_E = \sqrt{e}, \quad f''(x_E) > 0$

$\Rightarrow$ TP(1,649 / -0,25)

$f'' \stackrel{!}{=} 0$: $3 - 2\ln x = 0$

$\Rightarrow x_W = e^{3/2} = \sqrt{e^3}$

$\Rightarrow$ WP(4,482 / 0,75)

Tangentensteigungen:

$m_{N1} = -1; \quad m_{N2} = \frac{1}{e} = 0{,}368$

$m_W = 0{,}446$.

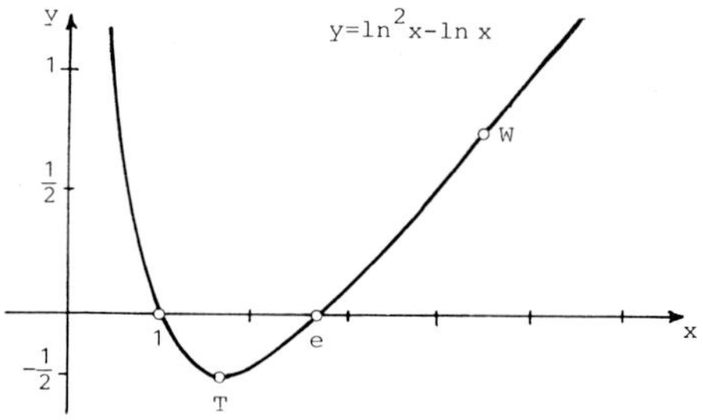

Beispiel 9.14: Gedämpfte harmonische Schwingungen genügen einem Weg-Zeit-Gesetz der Form

$$x(t) = e^{-\delta t}\cos\omega t; \qquad \delta > 0, \quad \omega > 0.$$

a) Diskutieren Sie die Funktion $x(t)$ für $t > 0$.

b) Skizzieren Sie die Kurve für $\delta/\omega = 0{,}1$.

Lösung:

a) Nullstellen: $x(t) \stackrel{!}{=} 0 \iff \cos\omega t = 0 \Rightarrow (\omega t)_N = \frac{\pi}{2} + k\cdot\pi \qquad k = 0,1,2..$

Aus $|\cos\omega t| \le 1$ folgt $|x(t)| \le e^{-\delta t}$: die Kurve verläuft zwischen den "Hüllkurven" $h_1(t) = e^{-\delta t}$ und $h_2(t) = -e^{-\delta t}$. Für $\cos\omega t = \pm 1$ berührt die Kurve die obere bzw. untere Hüllkurve.

oben: $(\omega t)_{B1} = k\cdot 2\pi$; unten: $(\omega t)_{B2} = \pi + k\cdot 2\pi \qquad k = 0,1,2\ldots$

Die Berührpunkte liegen in der Mitte aufeinanderfolgender Nullstellen. In diesen Punkten hat die Kurve eine gemeinsame (nicht waagrechte !) Tangente mit der Hüllkurve: Berührpunkte sind keine Extrempunkte !

Extrema: $\dot{x}(t) = \frac{dx}{dt} = -(\delta\cos\omega t + \omega\sin\omega t)\cdot e^{-\delta t}$

$\dot{x} \stackrel{!}{=} 0$: $\delta\cos\omega t + \omega\sin\omega t = 0 \Rightarrow \tan\omega t = -\frac{\delta}{\omega}$

$$\Rightarrow (\omega t)_E = \arctan\left(-\frac{\delta}{\omega}\right) + k\cdot\pi \qquad k = 1,2,\ldots$$

Die Extrempunkte liegen jeweils um $\Delta(\omega t) = \arctan(\frac{\delta}{\omega})$ links von den Berührpunkten mit den Hüllkurven.

b) Skizze: Es empfiehlt sich, die Variable $\tau = \omega t$ einzuführen und x über τ aufzutragen !

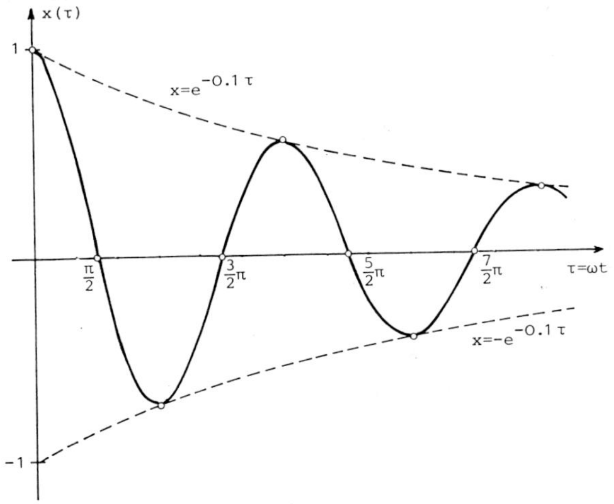

9.6. Untersuchung implizit gegebener Kurven

Ist eine Kurve in impliziter Form gegeben durch die Gleichung $F(x,y) = 0$, so ist es schwierig, allgemeine Regeln zu ihrer Diskussion anzugeben. Zwei einfache Beispiele, bei denen abschnittsweise eine Auflösung nach y möglich ist, sollen andeuten, welche neuen Probleme dabei auftreten können.

Beispiel 9.15: Diskutieren und skizzieren Sie die Kurve mit der Gleichung

$$x^4 - x^2 + y^2 = 0 \quad (*) \quad \Longleftrightarrow \quad y = \pm x\sqrt{1 - x^2} \quad (**)$$

Achsenschnittpunkte: (aus (*) oder (**)) : (0/0); (-1/0); (1/0)

Definitionsbereich (aus (**)): $1 - x^2 \geq 0 \iff -1 \leq x \leq 1$

Symmetrie (aus (*)):

1. Ersetzt man in (*) x durch -x, so ändert sich an der Kurvengleichung nichts: Mit (x_p/y_p) ist auch $(-x_p/y_p)$ Kurvenpunkt, d.h. die Kurve ist symmetrisch zur y-Achse.
2. Ersetzt man y durch -y, ändert sich ebenfalls nichts: die Kurve ist auch symmetrisch zur x-Achse.

Weitere Untersuchung der Kurve mit Hilfe von (**):

1. $y = f_1(x) = x\sqrt{1-x^2}$; $f_1'(x) = \dfrac{1-2x^2}{\sqrt{1-x^2}}$; $f_1''(x) = \dfrac{x(2x^2-3)}{\sqrt{1-x^2}^3}$

$f_1' \overset{!}{=} 0 \Rightarrow x_{E1} = \frac{1}{2}\sqrt{2}$, $f_1''(x_{E1}) < 0 \Rightarrow HP\,(\frac{1}{2}\sqrt{2} / \frac{1}{2})$

$x_{E2} = -\frac{1}{2}\sqrt{2}$, $f_1''(x_{E2}) > 0 \Rightarrow TP\,(-\frac{1}{2}\sqrt{2} / -\frac{1}{2})$

$f_1'' \overset{!}{=} 0 \Rightarrow x_{W1} = 0 \Rightarrow$ WP (0 / 0) mit Steigung $m_W = f_1'(0) = 1$

$x_{W2,3}$ außerhalb des Definitionsbereichs

Verhalten am Rand: $f_1'(x) \to -\infty$ für $x \to 1-$

$\Rightarrow$ senkrechte Tangenten in den Randpunkten (1 / 0) und (-1 / 0)

2. $y = f_2(x) = -x\sqrt{1-x^2}$

Kurvenzweig entsteht durch Spiegelung der Kurve $y = f_1(x)$ an der x-Achse.

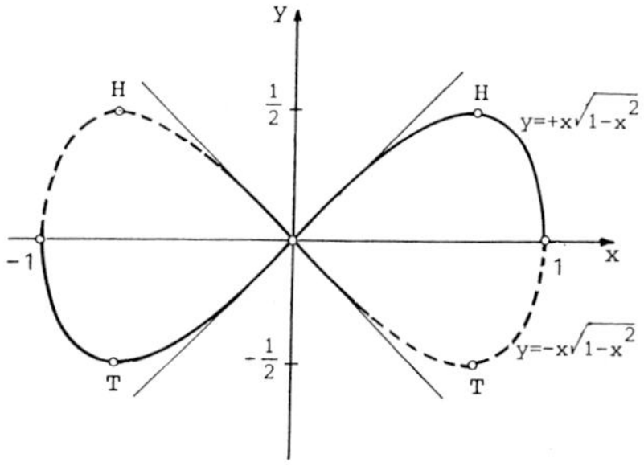

Die beiden Funktionen (**) stellen zwei Äste der Kurve (*) dar, die durch Spiegelung an der x-Achse auseinander hervorgehen. Das Schaubild von (*) ist eine geschlossene Kurve mit Doppelpunkt in (0 / 0).

Beispiel 9.16: Gegeben ist eine Kurvenschar durch die Gleichung

$$y^2 = x^3 - ax^2 = x^2(x-a) \quad (*) \quad \Longleftrightarrow \quad y = \pm x\sqrt{x-a} \quad (**) \qquad (a \in \mathbb{R})$$

Diskutieren Sie die Kurvenschar. Skizzieren Sie die Kurven für $a = -1, 0, 1$.

Lösung:

Ersetzt man y durch -y, so ändert sich (*) nicht: die Kurve ist symmetrisch zur x-Achse (s. auch (**): Darstellung durch zwei Funktionen).

Definitionsbereich: $x - a \geq 0 \Longleftrightarrow x \geq a$

Vorsicht: Für $a > 0$ gehört noch $x = 0$ zum Definitionsbereich !

Nullstellen: $x_{N1} = 0$, $x_{N2} = a$

Ableitungen: $f(x) = x\sqrt{x-a}$; $f'(x) = \dfrac{3x-2a}{2\sqrt{x-a}}$; $f''(x) = \dfrac{3x-4a}{4\sqrt{(x-a)^3}}$

$f' \overset{!}{=} 0$: waagrechte Tangente bei $x_E = \frac{2}{3}a$ (falls $x_E \in D$!)

$f'' \overset{!}{=} 0$: Wendepunkt bei $x_W = \frac{4}{3}a$ (falls $x_W \in D$!)

Zur weiteren Untersuchung werden folgende Fälle unterschieden:
Fall 1: $a < 0$; Fall 2: $a = 0$; Fall 3: $a > 0$.

Fall 1: $a < 0$, z.B. $a = -1$: $(*) \iff \underline{y^2 = x^3 + x^2}$

$D = \{x \geq a\} = \{x \geq 1\}$; $N_1(0/0)$, $N_2(a/0) = (-1/0)$

Extrema: $\left(\frac{2}{3}a \,/\, \pm\frac{2}{3}a\sqrt{-\frac{a}{3}}\right) = \left(-\frac{2}{3} \,/\, \pm\frac{2}{9}\sqrt{3}\right) = \left(-\frac{2}{3} \,/\, \pm 0{,}385\right)$

keine Wendepunkte ; (0/0) ist "Doppelpunkt" mit $y'(0) = \pm 1$;

senkrechte Tangente in $(a/0) = (-1/0)$.

Fall 2: $a = 0$: $(*) \iff y^2 = x^3 \iff y = \pm x^{3/2}$ "Neilsche Parabel"

$D = \{x \geq 0\}$; $N_1 = N_2(0/0)$ mit $y'(0) = 0$ (rechtsseitige Ableitung !)

(0/0) ist "Rückkehrpunkt" oder "Spitze".

Fall 3: $a > 0$, z.B. $a = 1$: $(*) \iff \underline{y^2 = x^3 - x^2}$

$D = \{x \geq a\} \cup \{0\} = \{x \geq 1\} \cup \{0\}$; $N_1(0/0)$, $N_2(a/0) = (1/0)$

N_1 ist ein "isolierter Punkt" oder "Einsiedler"; in N_2 hat die Kurve senkrechte Tangente.

keine Extrema; Wendepunkte $\left(\frac{4}{3}a \,/\, \pm\frac{4}{3}a\sqrt{\frac{a}{3}}\right) = \left(\frac{4}{3} \,/\, \pm\frac{4}{9}\sqrt{3}\right) = \left(\frac{4}{3} \,/\, \pm 0{,}770\right)$.

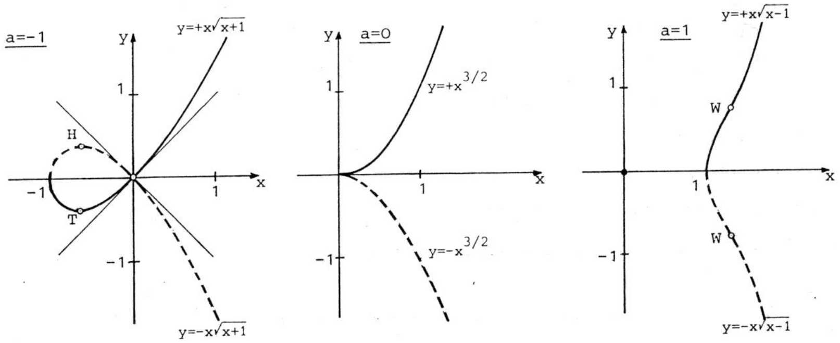

9.7. Aufgaben

1. Gegeben ist eine Familie von Funktionen durch die Gleichung

$$f_t(x) = -\frac{1}{2t}x^4 + x^2 + \frac{3}{2}t \;; \qquad t > 0$$

a) Untersuchen Sie $f_t(x)$ auf Symmetrie. Ermitteln Sie Nullstellen (mit Steigung), Extremwerte und Wendepunkte (mit Steigung).

b) Zeichnen Sie das Schaubild von $y = f_1(x)$.

c) Auf welcher Kurve liegen die Wendepunkte aller $f_t(x)$? (Anleitung: Eliminieren Sie in den Gln. $x_W(t)$ und $y_W(t)$ für die Wendepunktskoordinaten den Parameter t !)

d) Weisen Sie nach, daß $y = f_{t_1}(x)$ und $y = f_{t_2}(x)$ für $t_1 \neq t_2$ keinen gemeinsamen Punkt besitzen.

2. Gegeben ist die Funktion $y = f(x) = x^3 - 4x^2 + 6x$.

a) Bestimmen Sie Nullstellen, Extrema und Wendepunkte und skizzieren Sie die Funktionskurve.

b) Ermitteln Sie die Gleichung der Tangente an die Kurve im Kurvenpunkt $P(u/v)$ mit $u > 0$. Bestimmen Sie u so, daß die Tangente durch (0/0) geht.

3. Für welche Werte von a hat die Funktion $f(x) = x^3 + 3x^2 - a$ eine, zwei oder drei Nullstellen? <u>Hinweis:</u> Betrachten Sie zunächst $g(x) = x^3 + 3x^2$.

4. Diskutieren und skizzieren Sie die gebrochenrationalen Funktionen:

a) $f(x) = \frac{x^2}{x^2 - 4}$ b) $f(x) = \frac{x^3 + x^2 - 9}{x^2 - 9}$

5. Welche gebrochenrationale Funktion mit Zählergrad 2 und Nennergrad 1 besitzt den Kurvenpunkt $P(0/-1)$ und die Asymptoten $y = x + 1$ und $x = 1$? Diskutieren und skizzieren Sie diese Funktion.

6. Diskutieren und skizzieren Sie die Funktionen:

a) $f(x) = \frac{1 - \sin x}{\cos x}$ b) $f(x) = \frac{3 \cos x}{2 - \sin x}$

7. Gegeben ist die Funktionen-Familie $f_a(x) = \frac{a \cdot e^x}{a + e^x}$, $a > 0$.

a) Zeigen Sie, daß die Funktionen $f_a(x)$ streng monoton wachsen.

b) Wie lautet die Gleichung der Umkehrfunktionen $y = f_a^{-1}(x)$?

c) Bestimmen Sie Asymptoten und Wendepunkt des Schaubilds von $f_a(x)$.

d) Für welches a geht die Wendetangente durch den Ursprung (0/0)?

e) Zeichnen Sie das Schaubild von $f_4(x)$. Verwenden Sie dazu neben Wendepunkt und Wendetangente Funktionswert und Steigung für $x = -2, 0, 4$.

8. Diskutieren und skizzieren Sie die Funktionen (in ein Koordinatensystem):

a) $f_1(x) = \ln(x^2 - 1)$ b) $f_2(x) = \ln(1 - x^2)$

9. Gegeben sind zwei Kurven K_1 und K_2 durch die Gleichungen

K_1: $y = f_1(x) = \ln(\frac{x^3}{8} - 1)$; K_2: $y = f_2(x) = \ln(3x - \frac{x^2}{4} - 1)$

a) Bestimmen Sie Definitionsbereich, Nullstellen, Asymptoten und Extremwerte der beiden Kurven.

b) Skizzieren Sie die Kurven mit Hilfe der Ergebnisse aus Teil a).

c) In welchem Punkt und unter welchem Winkel schneiden sich die Kurven K_1 und K_2?

10. Anhang: Das Horner-Schema

Das Horner-Schema dient zur Berechnung von Funktions- und Ableitungswerten ganzrationaler Funktionen. Es wird durch folgende Schreibweise nahegelegt:

$$p_1(x) = a_1x + a_o = (a_1x + a_o)$$
$$p_2(x) = a_2x^2 + a_1x + a_o = \{(a_2x + a_1)x + a_o\}$$
$$p_3(x) = a_3x^3 + a_2x^2 + a_1x + a_o = \{(a_3x + a_2)x + a_1\}x + a_o$$
$$p_4(x) = a_4x^4 + a_3x^3 + a_2x^2 + a_1x + a_o = [\{(a_4x + a_3)x + a_2\}x + a_1]x + a_o$$

. . . .

Die dabei auftretenden Klammerausdrücke enthalten stets dieselben Rechenoperationen. Sie lassen sich bei gegebenem x-Wert leicht der Reihe nach von innen nach außen berechnen. Für $n = 4$ führt dies zu folgendem Schema:

Horner-Schema für $p_4(x) = a_4x^4 + a_3x^3 + a_2x^2 + a_1x + a_o$; $p_4(\bar{x}) = ?$

	a_4	a_3	a_2	a_1	a_o
		$b_3\bar{x}$	$b_2\bar{x}$	$b_1\bar{x}$	$b_o\bar{x}$
$x = \bar{x}$	a_4 $= b_3$	$b_3\bar{x} + a_3$ $= b_2$	$b_2\bar{x} + a_2$ $= b_1$	$b_1\bar{x} + a_1$ $= b_o$	$b_o\bar{x} + a_o = p_4(\bar{x})$

(zur Abkürzung bezeichnet man die Elemente der 3. Zeile mit b_k)

Beispiel 10.1: $p_4(x) = 2x^4 + x^3 + 10x - 1$; $p_4(-2) = ?$

	2	1	0	10	-1
		-4	6	-12	4
$x = -2$	2	-3	6	-2	3

$\Rightarrow$ $p_4(-2) = 3$

Horner-Schema für $p_n(x) = a_nx^n + a_{n-1}x^{n-1} + \ldots + a_1x + a_o$; $p_n(\bar{x}) = ?$

- Die 1. Zeile enthält die Koeffizienten $a_n, a_{n-1}, \ldots a_o$
  (Vorsicht: bei fehlender Potenz x^m ist $a_m = 0$ einzutragen !)
- Multiplikation von a_n $(= b_{n-1})$ mit $\bar{x}$, Addition des Produkts zu $a_{n-1} \Rightarrow b_{n-2}$
  Multiplikation von b_{n-2} mit $\bar{x}$, Addition des Produkts zu $a_{n-2} \Rightarrow b_{n-3}$
  . . . .
  (die Produkte $b_k\bar{x}$ ordnet man in der 2. Zeile unter a_k an, die Summen b_{k-1} stehen darunter in der 3. Zeile)

$\Rightarrow$ Nach n derartigen Schritten erhält man den Funktionswert $p_n(\bar{x}) = b_o\bar{x} + a_o$

Die zugehörige algorithmische Struktur, die sich leicht in ein Rechenprogramm umsetzen läßt, lautet:

$$b_{n-1} = a_n \;;\quad b_k = b_{k+1}\bar{x} + a_{k+1},\quad k = n-2, n-3, \ldots 0 \;;\quad p_n(\bar{x}) = b_o\bar{x} + a_o \qquad (*)$$

Satz 10.1: (Einfaches) Horner-Schema zur Polynomwertberechnung (*)

a) Mit dem Horner-Schema an der Stelle $\bar{x}$ erhält man eine Darstellung des Polynoms $p_n(x) = a_n x^n + a_{n-1} x^{n-1} + \ldots + a_1 x + a_o$ in der Form

$$p_n(x) = p_n(\bar{x}) + (x - \bar{x}) \cdot p_{n-1}(x) \qquad (**)$$

Der Funktionswert $p_n(\bar{x})$ ist die letzte Zahl der 3. Zeile des Schemas. Die restlichen Elemente der 3. Zeile sind der Reihe nach die Koeffizienten $b_{n-1}, b_{n-2}, \ldots b_o$ des reduzierten Polynoms $p_{n-1}(x)$.

b) Folgerung: Ist $\bar{x}$ eine Nullstelle des Polynoms $p_n(x)$, so erhält man mit (**) die Abspaltung des Linearfaktors $(x - \bar{x})$.

Beispiel 10.2: $p_4(x) = x^4 - 10x^2 + 9$; $\bar{x} = -1$

	1	0	-10	0	9
		-1	1	9	-9
x = -1	1	-1	-9	9	0

$\Rightarrow$ $p_4(-1) = 0$

$p_4(x) = (x+1)(x^3 - x^2 - 9x + 9)$

Satz 10.2: Vollständiges Horner-Schema

Wiederholte Anwendung des Verfahrens liefert die Ableitungswerte $p_n^{(k)}(\bar{x})$:

- Anwendung auf $p_{n-1}(x)$ liefert als letztes Element der 3. Zeile $p_n'(\bar{x})$; die restlichen Elemente sind die Koeffizienten von $p_{n-2}(x)$
- Anwendung auf $p_{n-2}(x)$ liefert $\frac{1}{2!} p_n''(\bar{x})$ und $p_{n-3}(x)$

. . . .

allgemein: k-malige Wiederholung liefert $\frac{1}{k!} \cdot p_n^{(k)}(\bar{x})$, $k = 0, 1, \ldots n$

Beispiel 10.3: $p_4(x) = x^4 - 3x^2 + x - 2$; vollständiges Horner-Schema für $\bar{x} = 2$

	1	0	-3	1	-2		
		2	4	2	6		
x = 2	1	2	1	3	4 = $p_4(2)$	$\Rightarrow$	$p_4(2) = 4$
		2	8	18			
x = 2	1	4	9	21 = $p_4'(2)/1!$		$\Rightarrow$	$p_4'(2) = 21$
		2	12				
x = 2	1	6	21 = $p_4''(2)/2!$			$\Rightarrow$	$p_4''(2) = 42$
		2					
x = 2	1	8 = $p_4'''(2)/3!$				$\Rightarrow$	$p_4'''(2) = 48$
x = 2	1 = $p_4^{(4)}(2)/4!$					$\Rightarrow$	$p_4^{(4)}(2) = 24$

Übung: Zeigen Sie mit Hilfe des Horner-Schemas:

a) $\bar{x} = 2$ ist 3-fache Nullstelle von $p_5(x) = x^5 - 6x^4 + 13x^3 - 14x^2 + 12x - 8$

b) $p_4(x) = x^4 - 10x^2 + 9 = (x+1)(x-1)(x+3)(x-3)$

LÖSUNGEN

1.5. Grenzwerte von Zahlenfolgen (S. 10)

1.a) $a_1 = 1;\ a_{n+1} = a_n + 2^n$ oder $a_{n+1} = 2a_n + 1$; b) $a_n = 2^n - 1$ $(n = 1, 2, ...)$

2.a) 1, 2, 3, 5, 8, 13 ... b) $a_1 = 2;\ a_2 = 1{,}5;\ a_3 = 1{,}416;\ a_4 = 1{,}414\,215\,687;$

$a_5 = 1{,}414\,213\,563;\ a_6 = a_5$ (auf 9 Dez.-Stellen). Bemerkung: $a_n \to \sqrt{2}$

3. $a_{n+1} = a_1 + n \cdot d$ mit $a_1 = 10,\ d = 2$; 10, 12, 14, 16, 18, ...

4.a) $\frac{7}{2}$; b) $\frac{5}{2}$; c) $\frac{1}{2}$; d) $\to\infty$; e) 0; f) $\frac{1}{2}$; g) 6; h) 0; i) 0; k) $\to\infty$.

5.a) $-\frac{1}{2}$; b) 0 . 6.a) 0; b) $-\frac{1}{2}$. 7.a) $e^{2/3}$; b) e; c) e^2

8. $q > 1$: best. div. $\to\infty$; $q = 1$: $\to 1$; $|q| < 1$: $\to 0$; $q \le -1$: unbest. div.

2.4. Grenzwerte von Funktionen (S. 23)

1.a) −4; b) −2; c) $4a^3$; d) −0,5 ; e) 0; f) $\pm\infty$; g) ∞ ; h) 10; i) 0

2.a) 0,5; b) 2; c) 0 . 3.a) 0,5; b) 0 . 4.a) $\frac{1}{2}$; b) $\frac{1}{2}$; c) existiert nicht

5.a) −3; b) −3; c) 3; d) existiert nicht

6.a) $f(x) \simeq \begin{cases} \frac{1}{2}e^x & \text{für } x \to +\infty \\ \frac{1}{2}e^{-x} & \text{für } x \to -\infty \end{cases}$ b) $g(x) \simeq \begin{cases} \frac{1}{2}e^x & \text{für } x \to +\infty \\ -\frac{1}{2}e^{-x} & \text{für } x \to -\infty \end{cases}$ ($\to$ 6.5)

3.5. Stetigkeit (S. 31)

1.a) $x_o = 0,\ f^*(x) = x$; b) $x_o = 0$, nein ; c) $x_o = 3,\ f^*(x) = x + 3$;

d) $x_o = 1,\ f^*(x) = 2x^3 - 4x^2 - 3x - 3$; e) $x_o = -1$, nein ;

2.a) $x \neq \pm 1$; b) $x \in \mathbb{R}$; c) $x \in \mathbb{R}$; d) $x \neq k \cdot \frac{\pi}{2}$, $k = \pm 1, \pm 2, ...$

e) $-2 \le x \le 3$; f) $x > -9$; g) $x \in \mathbb{R}$; h) $x \neq 0$; i) $x \neq 0$

3.a) $A^2 = \pi^2/4$; b) $A = 8$

4.5. Differenzierbarkeit (S. 39)

1.a) $f'(1) = \frac{n}{m}$; b) $\lim\limits_{x \to 0+} f'(x) = \begin{cases} 0 & \text{für } n/m > 1 & \text{waagr. Tangente} \\ +\infty & \text{für } 0 < n/m < 1 & \text{senkr. Tangente} \end{cases}$

2. $f^{(4)}(x) = -6 \cdot x^{-4}$; $f^{(n)}(x) = (-1)^{n-1} \cdot (n-1)! \cdot x^{-n}$

3.a) $f^{(5)}(1) = \frac{105}{32}$; $f^{(n)}(x) = (-1)^{n+1} \cdot \frac{1 \cdot 1 \cdot 3 \cdot 5 \cdot ... \cdot (2n-3)}{2^n} \cdot x^{-(2n-1)/2}$

4.a) einmal b) zweimal c) einmal d) nicht diff.bar an der Stelle x_o

5.3. Ableitungsregeln (S. 44 / 45)

3.a) $\frac{1}{6}x^{-5/6}$; b) $\frac{3}{2}t^{1/2}$; c) $\frac{11}{6}t^{5/6}$; d) $-\frac{1}{2}y^{-1/2}$;

e) $\frac{5}{3}z^{2/3} + \frac{2}{3}z^{-4/3} = (5z^2+2)/(3z^{4/3})$; f) $\frac{11}{4}x^{7/4}$

4.a) $1 - 1/x^2$; b) $\frac{1-x^2}{(1+x^2)^2}$; c) $-\frac{x^2+2x+3}{(x-1)^4}$; d) $1 - \frac{5}{(x+2)^2}$;

e) $\frac{-2x}{1-x^2}$; f) $\frac{2}{x}\left(\frac{1}{x-1} - \frac{\ln|x-1|}{x}\right)$; g) $\frac{2x}{2x^2+1}$; h) $\frac{2x}{(2x^2+1)\sqrt{\ln(2x^2+1)}}$

i) $4x\cdot\cot(x^2)$; k) $\frac{e^{2x-1}}{\sqrt{1+e^{2x-1}}}$; l) $\frac{e^x+e^{-x}}{2}$; m) $\frac{e^x-e^{-x}}{2}$;

n) $\frac{1-\cos x}{\sin^2 x}$; o) $-2x\cdot\sin 2x + 2(1-x^2)\cdot\cos 2x$; p) $2x\cdot\sin(2-x^2)$;

q) $-\cos x\cdot e^{-\sin x}$; r) $\sin\frac{1}{x} - \frac{1}{x}\cos\frac{1}{x}$; s) $(1+\ln x)\cdot\cos(x\ln x)$

5.a) $a\omega\cos(\omega t+\psi)$; b) $-a\,e^{-\delta t}[\delta\cos(\omega t+\psi) + \omega\sin(\omega t+\psi)]$

c) $\frac{-1}{(1-\varphi)^2}\cdot\sin\frac{1}{1-\varphi}$; d) $\frac{-\sin\varphi}{2\sqrt{1+\cos\varphi}}$

6.a) $(1+\cos x)\cdot\cos(x+\sin x)$; b) $-\frac{\cos[\cos(\tan x)]\cdot\sin(\tan x)}{\cos^2 x}$

c) $\frac{2}{\sin 2x}$; d) $\frac{1}{x}$ (für alle $x \neq 0$).

7.a) $\frac{6}{(2-3x)^3}$, $\frac{54}{(2-3x)^4}$; b) $a\cdot n(ax+b)^{n-1}$, $a^2\cdot n(n-1)(ax+b)^{n-2}$

c) $1+\ln x$, $\frac{1}{x}$; d) $-\frac{1}{\sin^2 x}$, $\frac{2\cos x}{\sin^3 x}$

8.a) $(-1)^n\cdot a^n\cdot e^{-ax}$; b) $y^{(2n)} = (-1)^n\cdot\sin x$, $y^{(2n+1)} = (-1)^n\cdot\cos x$

c) $\frac{2\cdot n!}{(1-x)^{n+1}}$; d) $\frac{n!}{(1-x)^{n+1}}$

9.a) 1, -1, 2!, -3!, 4!

b) $f^{(n)}(x) = (-1)^{n-1}\cdot\frac{(n-1)!}{(1+x)^n}$; $f^{(n)}(0) = (-1)^{n-1}\cdot(n-1)!$

10.a) $\frac{2}{\pi}$; b) $-\frac{3}{8}$; c) 0 ; d) $\frac{3}{4}$

11.a) $x\cdot x_o + y\cdot y_o = r^2$; b) $y\cdot y_o = p(x+x_o)$;

c) $\frac{x\cdot x_o}{a^2} + \frac{y\cdot y_o}{b^2} = 1$; d) $\frac{x\cdot x_o}{a^2} - \frac{y\cdot y_o}{b^2} = 1$

12.a) $x^{\cos x}\cdot\left(\frac{\cos x}{x} - \sin x\cdot\ln x\right)$; b) $(\tan x)^{\ln x}\cdot\left(\frac{\ln(\tan x)}{x} + \frac{2\ln x}{\sin 2x}\right)$

c) $(1+\frac{1}{x})^x\cdot\left(\ln(1+\frac{1}{x}) - \frac{1}{x+1}\right)$; d) $\left(\frac{y}{x}-\ln y\right) / \left(\frac{x}{y}-\ln x\right)$

13. $\frac{e^x\,[2ax^2 + 2(1-a)x - 3]}{2x^{5/2}\sqrt{(ax+1)\cdot b}}$

8.4. Anwendungen der Differentialrechnung (S. 71)

2.a) Steigung $m = -\sqrt{\frac{q}{p}}$, $(\overline{OR}+\overline{OS})_{min} = p+q+2\sqrt{pq}$; b) $m = -\frac{q}{p}$, $A_{min} = 2pq$

3. Kreisumfang x, Quadratumfang $y = a-x$; $x_{opt} = \frac{\pi}{\pi+4}a = 0{,}440\,a$; $A_{min} = 0{,}035a^2$
(Randwerte: $x=0 \Rightarrow A_1 = \frac{1}{16}a^2 = 0{,}0625a^2$; $x=a \Rightarrow A_2 = \frac{1}{4\pi}a^2 = 0{,}080\,a^2$)

4.a) $L_{min} = a + b\sqrt{3}$ für $\varphi = 120^o$ b) Rechteck-Weg: $L_R = 2a+2b > L_{min}$;
Diagonalen-Weg: $L_D = 2\sqrt{a^2+b^2} > L_{min}$ (da: $L_D^2 - L_{min}^2 = (\sqrt{3}\,a - b)^2 > 0$)

c) $L_{min} \overset{!}{=} L_D \Rightarrow a:b = 1:\sqrt{3}$

5.a) $x_N = 1{,}634\,365$;   b) $x_{N1} = -1{,}841\,406$; $x_{N2} = 1{,}146\,193$ (2 Lösungen !)

6. $f(x) = x^2 - a \overset{!}{=} 0 \quad \Rightarrow \quad x_{n+1} = \frac{1}{2}\left(x_n + \frac{a}{x_n}\right)$ (vgl. 1.5 Aufg. 2.b)

7.a) 0 ;   b) 0 ;   c) $\frac{7}{3}$;   d) 1 ;   e) $+\infty$;   f) e^a

9.7. Kurvendiskussion (S. 85 / 86)

Hinweis: In den folgenden Kurzlösungen werden die Koordinaten x_P, y_P eines Kurvenpunktes P und die Steigung der Kurventangente im Punkt P zusammengefaßt in der Form $P(x_P/y_P\,;\,m_P)$. Weitere Bezeichnungen: N Nullstelle, H (T, W) Hoch- (Tief-, Wende-) Punkt; D_f Definitionsbereich, W_f Wertebereich.

1.a) $f_t(-x) = f_t(x) \Rightarrow$ symmetrisch zur y-Achse ; $N_1(\sqrt{3t}\,/\,0\,;\,-4\sqrt{3t})$,
$N_2(-\sqrt{3t}\,/\,0\,;\,4\sqrt{3t})$; $T(0\,/\,\frac{3t}{2})$, $H_{1,2}(\pm\sqrt{t}\,/\,2t)$; $W_{1,2}(\pm\sqrt{\frac{t}{3}}\,/\,\frac{16t}{9}\,;\,\pm\frac{4}{3}\sqrt{\frac{t}{3}})$

b) $y = \frac{16}{3}x^2$;   d) $f_{t_1}(x) = f_{t_2}(x) \Rightarrow x^4 = -t_1 t_2$, wegen $t > 0$ keine Lösung !

2.a) N(0/0) einzige Nullstelle; keine Extrema; $W(\frac{4}{3}/\frac{88}{27})$

b) Tangente in P(u/v): $y = (3u^2-8u+6)x + (4u^2-2u^3)$

Tangente durch 0 : $4u^2-2u^3 \overset{!}{=} 0 \Rightarrow u_{1,2} = 0$ (Tangente in 0); $u_3 = 2 \Rightarrow y = 2x$

Berührpunkt (2/4).

3. $g(x) = x^3 + 3x^2$: $N_1(-3/0)$, $N_2(0/0)$ doppelte N. = T(0/0) ; H(-2/4). Skizze !

$f(x) = x^3 + 3x^2 - a$: Verschiebung der Kurve $y = g(x)$ um a nach unten

$\Rightarrow$ 1 Nullstelle für $a < 0$ oder $a > 4$; 2 N. für $a = 0$ und $a = 4$;

3 N. für $0 < a < 4$

A.1.

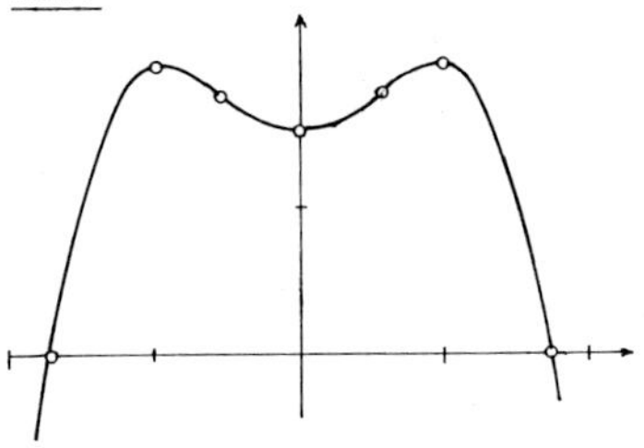

A.2.

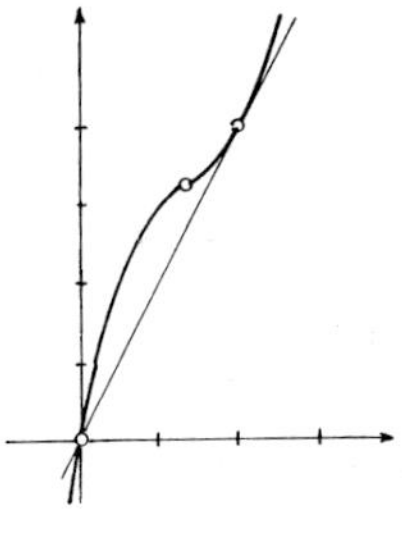

4.a) Symmetrie zur y-Achse; doppelte Nullstelle $x_1 = 0$; Pole mit VZW $x_{2,3} = \pm 2$;
horizontale Asymptote $y = 1$; H(0/0); kein Wendepunkt

b) Pole mit VZW $x_{1,2} = \pm 3$; $f(x) = x+1 + 9x/(x^2-9) \Rightarrow$ schiefe Asymptote $y = x+1$
$f' \overset{!}{=} 0 \Rightarrow x_{3,4} = \pm 3\sqrt{3} \approx 5{,}20 \quad \Rightarrow$ T(5,20 / 8,79), H(-5,20 / -6,79);
W(0/1 ; 0) Sattelpunkt. Kurve ist symmetrisch zu W !

5. Ansatz: $y = x+1 + \frac{c}{x-1}$; $P(0/-1) \Rightarrow c = 2 \Rightarrow y = \frac{x^2+1}{x-1}$
keine Nullstelle; T(2,414 / 4,828), H(-0,414 / -0,828); keine Wendepunkte

A.4a.

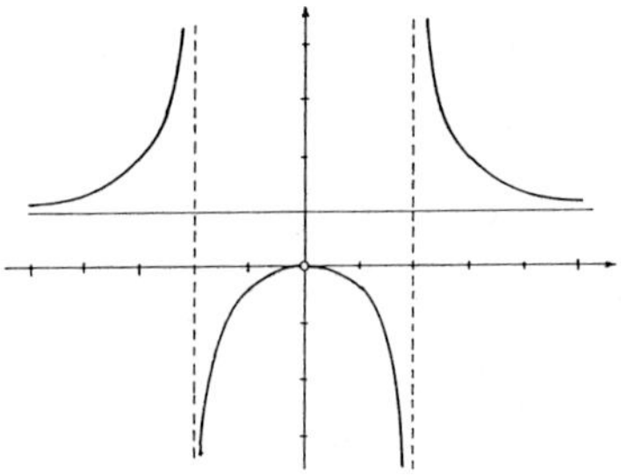

A.4b.

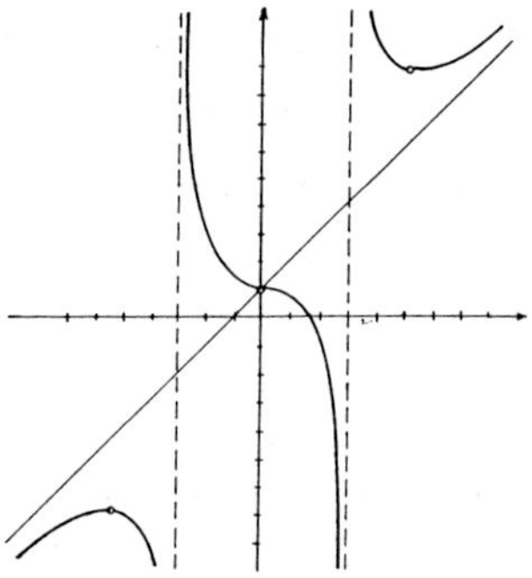

A.5.

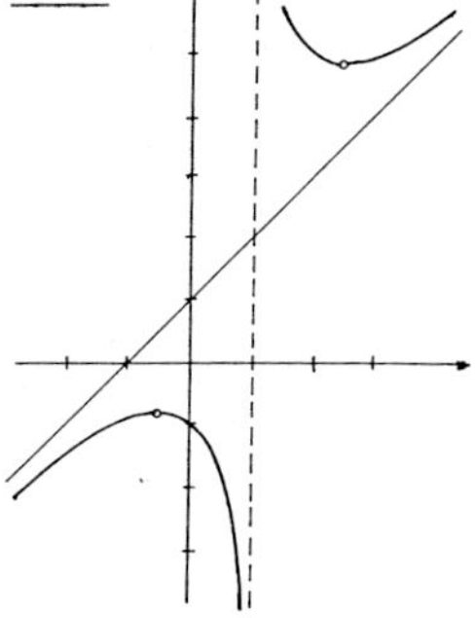

6.a) Periode 2π ; Nenner-Nullstellen $x_1 = \frac{\pi}{2}$, $x_2 = \frac{3\pi}{2}$

$f(x) \to \pm\infty$ für $x \to \frac{3\pi}{2} \pm 0 \Rightarrow x = \frac{3\pi}{2}$ ist Pol mit VZW

$\left.\begin{array}{l} f(x) \to 0 \\ f'(x) \to -\frac{1}{2} \end{array}\right\}$ für $x \to \frac{\pi}{2}$: hebbare Unstetigkeit von $f(x)$ und $f'(x)$ bei $\frac{\pi}{2}$

$\Rightarrow (\frac{\pi}{2} / 0 ; -\frac{1}{2})$ ist Nullstelle und Wendepunkt der ergänzten Fkt. f^* ;

keine Extrema; $P_y(0 / 1 ; -1)$

b) Periode 2π ; $N_1 = W_1(\frac{\pi}{2} / 0 ; -3)$, $N_2 = W_2(\frac{3\pi}{2} / 0 ; 1)$; $H(\frac{\pi}{6} / \sqrt{3})$,

$T(\frac{5\pi}{6} / -\sqrt{3})$; $P_y(0 / \frac{3}{2} ; \frac{3}{4})$

A.6.a.

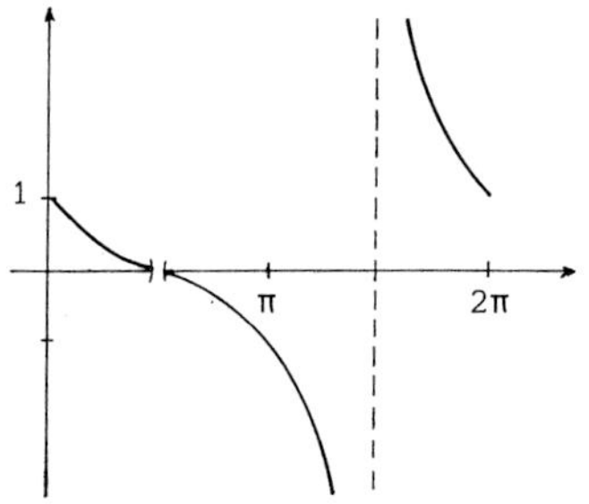

A.6.b.

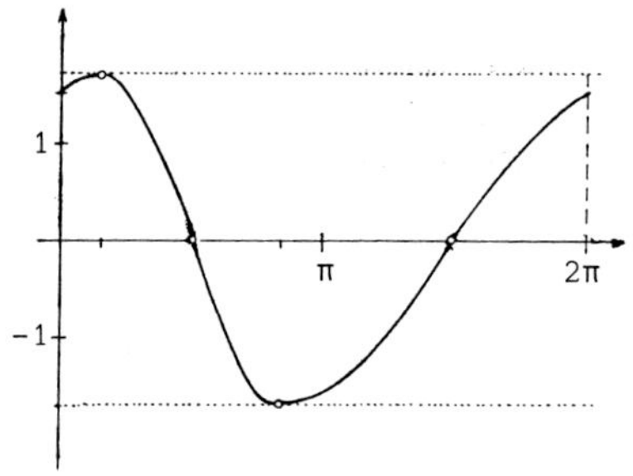

7.a) $f_a'(x) > 0$; b) $f_a^{-1}(x) = \ln \frac{ax}{a-x}$;

c) $f_a(x) \to a$ für $x \to +\infty \Rightarrow$ As. $y = a$

$f_a(x) \to 0+$ für $x \to -\infty \Rightarrow$ As. $y = 0$

$W(\ln a / \frac{a}{2} ; \frac{a}{4})$

d) Wendetangente: $y = \frac{a}{4}(x - \ln a) + \frac{a}{2}$

durch $(0/0)$ für $a = e^2$

A.7.

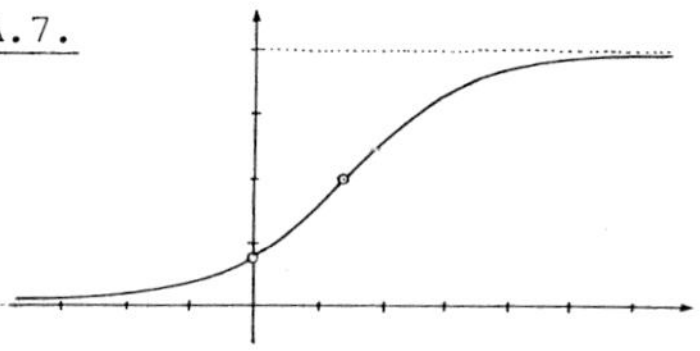

8.a) D_{f_1}: $|x| > 1$, $W_{f_1} = \mathbb{R}$; gerade Funktion; $N_{1,2}(\pm\sqrt{2}\,/\,0\,;\,\pm 2\sqrt{2})$;

$f_1(x) \to -\infty$ für $x \to 1+$ und für $x \to -1-$; keine Extrema; kein Wendepunkt

b) D_{f_2}: $|x| < 1$, W_{f_2}: $y \leq 0$; gerade Funktion; $H = N(0/0)$;

$f_2(x) \to -\infty$ für $x \to 1-$ und für $x \to -1+$; kein Wendepunkt

9.a) $D_1 = (2, \infty)$; $f_1(x) \to -\infty$ für $x \to 2+$; $N(\sqrt[3]{16}\,/\,0) = (2{,}520\,/\,0)$;

$f_1(x)$ streng monoton steigend, keine Extrema; Rechtskurve.

$D_2 = (a, b)$ mit $a = 6 - \sqrt{32} = 0{,}343$ und $b = 6 + \sqrt{32} = 11{,}657$;

Symmetrieachse $x = 6$; $f_2(x) \to -\infty$ für $x \to a+$ und für $x \to b-$;

$N_1(6 + \sqrt{28}\,/\,0) = (11{,}292\,/\,0)$, $N_2(6 - \sqrt{28}\,/\,0) = (0{,}708\,/\,0)$;

$H(6\,/\,\ln 8) = (6\,/\,2{,}079)$.

c) $S(4\,/\,\ln 7) = (4\,/\,1{,}946)$; $\alpha = 32{,}47^\circ$

A.8.

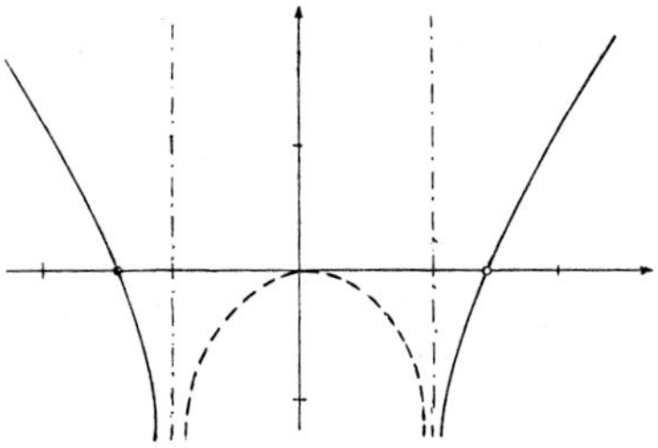

A.9.

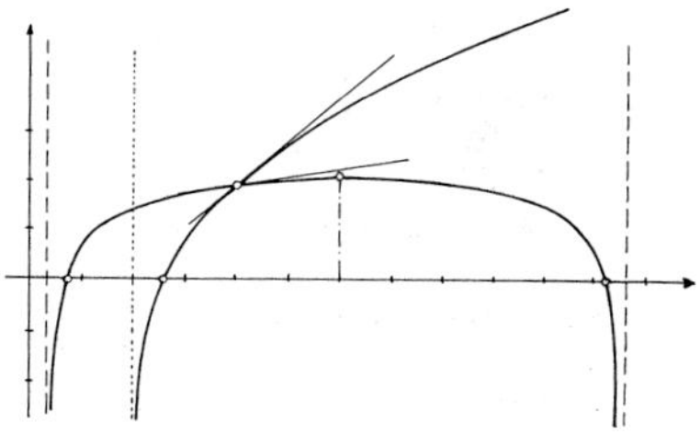

REGISTER

Ableitung 32
- linksseitige / rechtsseitige 35

Ableitungen
- elementarer Funktionen 46
- geometrische Bedeutung 57
- höhere 38

Ableitungsfunktion 33
Ableitungsregeln 40
- Faktorregel 40
- Grundformeln 34, 36
- Kettenregel 41
- Produktregel 40
- Quotientenregel 40
- Summenregel 40

Asymptote
- schiefe 21
- senkrechte 18
- waagrechte 16, 21

asymptotische Näherungskurve 21

Bernoulli-de L'Hospitalsche Regel 69

Definitionslücke 11
Differential 36
Differentialquotient 33, 38
Differentiation 40
- implizite 42

Differenzenquotient 33
Differenzierbarkeit 32
Divergenz 7
- bestimmte 7
- unbestimmte 7

Eulersche Zahl e 9
Extrempunkte 62
Extremstellen 63
Extremum 58, 63
- absolutes 63
- lokales (relatives) 58

Extremwertaufgaben 64

Fehler 37
Folge 5
- alternierende 5
- arithmetische 6
- beschränkte 5
- divergente 7
- geometrische 6
- konvergente 6, 7
- monotone 5
- Nullfolge 6

Funktionen
- Area- 55
- Arcus- 49
- Exponential- 52
- ganzrationale 46, 74
- gebrochenrationale 22, 47, 76
- Hyperbel- 53
- Logarithmus- 52
- Potenz- 47
- trigonometrische 48
- Wurzel- 47

Gebietseinteilung 78
Geschwindigkeit 33
Grenzwert
- einer Folge 6, 8
- einer Funktion 12
- gebrochenrationaler Ausdrücke 8
- links-/rechtsseitiger 13
- uneigentlicher 7, 14, 18

Grenzwertsätze 8

Hochpunkt 58
Horner-Schema 87

implizite Differentiation 42
implizite Kurven 83
Iterationsverfahren 67

Kettenlinie 54
Konvergenz 6
Krümmungsverhalten 57
Kurvendiskussion 72

Linearisierung 37
Linkskrümmung / Linkskurve 57
logarithmisches Differenzieren 43

Maximum 59
- absolutes 63
- lokales (relatives) 59

Minimum 59
- absolutes 63
- lokales (relatives) 59
Monotonie 57

Newtonsches Iterationsverfahren 66
Nullfolge 6
Nullstellen - Bestimmung mit Näherungsverfahren 66
Nullstellensatz 30

Oszillationsstelle 27

Polstelle 15, 18, 19
Potenzregel 36

Rechtskrümmung / Rechtskurve 57

Spiegelung von Kurven 73
Sprungstelle 13, 27
stetige Ergänzung 26
Stetigkeit 24, 25
- linksseitige / rechtsseitige 24
- an Intervallenden 24
Streckung 73
Substitution 40

Tangente 36
Tangentenproblem 32
Tiefpunkt 58
Treppenfunktion 29

unbestimmte Ausdrücke 17, 69
Unendlichkeitsstelle 18
Unstetigkeitsstelle 26, 27, 28
- hebbare 27

Verschiebung 73

Wendepunkt 61

Zahlenfolge 5